フランス・ドイツ
ワイン小《こ》咄《ばなし》

福本秀子／古賀　守

フランス・ドイツ　ワイン小咄

——［目次］——

［フランス編］　福本秀子

[ドイツ編] 古賀 守

序にかえて
本書に心から愛をこめて

山本　博（弁護士）

ワインブームと騒がれている最近の日本のワイン事情は、何処か間違っている、というより少し狂っている。千人に近いスチュワーデスがソムリエになり、若い女性が花嫁修行でもするようにワインスクールへ通い、家庭の主婦までがソムリエ資格を取りたがる。書店には多くのワインブックがあふれているが、とても読み切れないようなワインのカタログブックのようなものが多い。

ワインは、なにをおいても、まず楽しむものなのだ。一般の消費者が飲みも出来ないようなワインの名前やデーターを覚える苦しみをする必要はない。ワインを愛するためには、ソムリエ試験に受かるような知識をもっていなくても少しも恥かしくない。むしろもっと他に知っておいてよいことがいくらでもある。

ワイン文化の中では、造る文化と飲む文化とは異質のものである。ソムリエとワインブックは、飲む人に奉仕し、飲む人を楽しませるためのものなのだ。ワインを楽しむ上で、醸造学とか無数のワインについての詳細なデーターなどの知識はなくてもいい。もっともワインをサーヴィス する側のソムリエには必要不可欠である。飲む側が知っていたらよいことは、ワインを楽しむための話である。

ワインは文化現象だと言われる。たしかに今日のワイン自体そのものが、長年にわたる人類の知恵と努力の結晶である。自然と闘い、自然に学び、自然の助けを借り、自然と協力して造りあげたのがワインである。しかし、人間の技がなくしてワインはあり得なかった。その意味でワインは人類の文化の所産である。しかし、単にワインを飲んで、その優劣を論じるだけでは、ワイン文化を理解したことにはならない。ワインは、それが生まれた地方の風土・歴史・生きる人間にはぐくまれて生まれ、育って来たものである。生きている人間には、悩み、苦しみ、歓びがともなっている。あるたった一本のワインでも、その生い立ちを調べてみれば、それを生んだ人々の歴史や喜悲こもごもの思いがこめられていることに気がつくだろう。そうしたワインそのものというより、ワインにまつわる事柄を知ることが、ワインを学び、ワインの楽しみを深める道なのである。

従来の日本のワインブックは、そうしたジャンルのものが少なかった。普通の人間、ワインを愛したいと思う人にとって、最近の一部の技術肥大のグラン・ヴァンのことをはやしたてるワインジャーナリズムに気を取られるより、ワインを楽しくさせてくれる歴史の挿話《エピソード》を書いた本を読んだ方がよっぽどいい。ヨーロッパの歴史とか地理の勉強にもなる。その意味で、本書はユニークだし、誰にでもお奨めしたい本である。

今から三十年位前、『世界のワイン』と言う本を訳している時、ドイツワイン、ことにぶどう園名の訳には手こずらされた。大学院当時ドイツ語漬けになっていた私にも歯がたたなかった。困ったあげく、銀座のドイツ料理店、ケテルのマダムに助けをたのんだ。ところが、原文を読んだマダムは笑ってばかりいる。「うんこの穴」、「がらくた」、「ルンペン」、「ごろつき」、「絞首台の山」…。さて、なんだろう？　どれもがぶどう園名、ワイン名なのだ。ドイツ農民達のブラックユーモアぶりは相当なものとしても、どうしてこんな名前がつけられたのだろうかと不思議に思わないだろうか？　古賀守先生は、そうしたドイツワインの歴史や名前の由来に精通された方である。その蘊蓄を傾けたこの本が面白くないはずがない。

フランス人の方は、本来ラテン系で、底抜けに陽気である。どんなつらいこと、いやなこともふざけて酒落《しやれ》のめす民族である。日本では、従来いわゆる著名なフランス文学書の多くが訳されていて、そうしたお堅いフランス文学書を読むのがインテリの教養のひとつのように思われてきた。ところが、日本人の考えからすればふざけているとしか考えられない本も実に多い。高踏とされる本の中にも、ラブレーの『ガルガンチュア』、エラスムスの『知遇礼讃』、モリエールの『風流滑稽評』を読んでみれば、そのテーマの深刻さと語り口のふざけぶりの対照に驚かされるだろう。

フランス人はワインと共に生きてきた。それもただ造り、ただ飲んで来たというのではなくて、ワインを飲みながら喋り、楽しみながら生きて来た民族である。そのためワインについて挿話や笑い話は実に多い。しかし残念ながら、正統派のフランス文学者達が軽視したためか、そうしたものをまとめて訳したものはなかった。理由の一つには訳の難しさもある。本書の中に多くのワイン賛歌が含まれているが、訳文だけではその面白さが読み手に伝わって来ないかもしれない。しかしその歌詞を読みながら、これにどんな節をつけて歌い騒いでいたのだろうと想像して見ると、その雰囲気はなんとなくわかる気がするだろう。

福本秀子さんの本領場は、フランス中世史の研究である。中世フランスを二分する歴史的役割を果した有名な王妃アリエノールを書いた類書が日本にも数冊刊行されている。その中でも福本さんの訳したレジーヌ・ペルヌーの『王妃アリエノール・ダキテーヌ』は白眉の書である。そうしたキャリアを持つ福本さんがワインを愛するあまり拾い集めて翻案してくれた労作が本書におさめられている。

本書は通して読まなければならない本ではない。ワイングラスを置いて、どこかの一頁を開き、飲みながら読める本である。どこかの一節を読めば、やめられなくなるだろう。

本書の誕生に乾杯！

［フランス編］

――福本秀子

一　神はよき飲み手を見守り給う

これはガリア人の格言で、ワインを飲むことは神を讃《たた》えることだと考えられていた。

日本の諺《ことわざ》にも「お御酒《みき》をあがらぬ神はない」とある。

西暦五二九年頃、イタリア南部カンパニアのカッシノ山に修道院を建て、ベネディクト会則を定めたベネディクトゥスは、「飲みたいからと云って多量の水を飲むよりも、少しのワインを飲んだ方がよい」と云っている。

その方が貪欲の罪が軽いというわけである。

「一日一ヘミナ（古代ギリシャ・ローマの容積単位で〇、二七リットル)のワインで充分である。飽きあきするまで飲まぬこと、何となれば、ワインは賢人さえも豹変させるのだから。」ともかく修道士たちは僧院で飲んでいた。ということは、神学上の論説でワインの効用が証明されているのである。

「他の多くの飲料物の中でワインが一番、明瞭にして鋭敏にして純粋な精神をはぐくむ。だからこそ、非常に微妙な事柄を観察しようとする神学者たちは、よいワインを好むのである」。

以上は一三世紀の名医アルノー・ド・ヴィルヌーヴ(占星学者、錬金術者、医者、アラゴンの宮廷に仕え、後にパリに住んだ)の言である。

ともかく、キリスト教国には二つの大きなワイン聖人祭がある。一月二十二日の聖ヴァンサンの祭りと、十一月十一日の聖マルタン祭である。

その上、フランスにはワインの守護聖人が三十七人存在する。まさに神は、よき飲み手を見守るべき聖人をつかわせられたと云えよう。聖ヴァンサンの祝日は一日中飲み食いの日である。

ことにサヴォワ地方では、ワインカーブツアーが一週間つづく。聖マルタンの祝日にはまず新酒を味見し、ガチョーを食べ、後《あと》はダンスで締め括る。

ところで、聖ヴァンサンも聖マルタンも、特にワインと関係がある一生を送ったわけではない。ヴァンサンは、ワイン(ヴァン)の文字が名前の中にあるからか。マルタンは、トゥレーヌ地方にブドウの木を植えたからか。しかし、マルタンは水しか飲まなかったと云われている。だから、呑《の》んだくれの守護聖人にして「寝取られた夫たち」の守護聖人でもある。その上、のんべえの守護聖人とは・・・・理由は何《なん》でもよい。もっともらしい理屈をつけて、合理合法的に飲むのがフランス人である。

「酒が入ると理性は出て行く」という諺もあるが、出て行った理性の後に快楽が入り、聖人もバッカスも喜び給うのである。

「ワインを飲まぬ輩はナイーヴで規律正しいか？　ちがう。彼らは馬鹿か偽善者だ」

ボードレーヌ※

※ボードレーヌ
十九世紀　フランスの詩人『悪の華』

二　耳で飲む

ワインは鼻と舌と喉で飲む、というが耳でも味わわねばならない。つまり、このワインを飲む時は、この音楽を聴きながら――という決まりがあるようだ。

司法官にして小説家にして作曲家、ドイツのエルンスト・ホフマンは、喜歌劇を作曲する時はシャンパンを飲んでいた。宗教音楽を聴く時はジュランソン（ピレネ）のワイン、痛恨の中に恍惚感があるらしい。

第九を聴くには、ブルゴーニュのワインでなければならない。ブルゴーニュには激情と愛国心の香りがある。

音楽がなければどうするか。
会話の音楽を提供せねばならない。
それにはロレーヌまたは年代物のルシヨンのワインである。
澄んでいて香りが良いから口が軽くなる。
一五、六世紀に、流行《はや》った表現がある。「片耳のワインと両耳のワイン」。前者は片方の耳を傾けるのでＯＫのサイン、つまり美味いワイン、後者は両耳を振るので拒否のしるし、つまり不味いワインを意味する。ノルマンディー地方で「耳が暑い」と云えば、酔っているということである。アルコール飲料と耳との関連はフランス・ワインにしかなさそうである。
耳から飲んだワインは、なかなか口から出てこない。つまり、お喋りをあまりしない。ワインの味とかアロマがどうとかいう分析やらをもっともらしく話すわりに自分の中での記憶を蘇《よみがえ》らせ、たとえば恋敵追落し策を綿密に分析したり、それがいけなければ難しい論文の想を練ったりして行動に移す。

「何年のワイン？　何処《どこ》のワイン？　そんなこと、どうでもいいわ、すべてのワインはわたしの中の一番素敵なわたしを引き出してくれるのよ」

エヴァ・ガードナー[※]（「モガンボ」の中で）

※エヴァ・ガードナー
二十世紀　アメリカの女優

三　女と女らしさとエロティズムと

ブルゴーニュを飲んで第九を聴く話を書いたが、一九世紀のフランスの作家でグルメとしても名が高く『詩的料理人』や『美食家年鑑』を書いたシャルル・モンスレは、ボルドーとブルゴーニュのワインの差を次のように詠《うた》っている。

ボルドー、それは彼女
ブルゴーニュ、それは彼
彼には誇りと得意の風情

花に例えばヒナゲシの花
ブーケの栄誉を担っている。

彼女の方はどうかと問えば
より控え目な炎の輝き
その微笑みには仄かな色気
ボルドーワイン、それは女。

「女性のワイン」と「女性的ワイン」を混同してはならない。
女性のワインは軽くやわらかく、女性が好むもので、「女性的ワイン」とはしなやかで、まろやかさがタンニンに勝っているワインである。

だから、ボルドーとブルゴーニュのワインについて前述と反対のことも云える。ボルドーは大体においてブルゴーニュよりタンニンが多いから。

ともかく、ワインを飲むということは、結婚を完遂する事である。

「よいワインを飲むと、美味だがそれは消費してなくなる。よい女を愛すれば、消費どころか、ますますよくなる」

ロアールのワインには「少女」という名のワインがある。「少女を抱く」は「ワイン一本飲む」につながる。

「少女の思し召しを得るために、ワイン（少女）にどのくらい時間をかけて取り入ったか御存知ですか？　我が唇の上でワインはその熱き唇で一瓶全部流し込んだのですよ」
アルフレッド・ミュッセ※『マリアンヌの気まぐれ』

一四世紀フランス王フィリップ六世の料理人だったタイユヴァンはこう書いている。

「酒樽を抜いたワインは、結婚適齢期がますます若くなる少女にひとしい。酒樽満杯のワインは二十三歳の青春だ。樽が半分まで減るとワインは二十五・六歳の夫人に似てくる。さて、酸っぱくなったワインは三十歳に達した御婦人だ」

※アルフレッド・ミュッセ
十九世紀　フランスの詩人、小説家

日本の宮中晩餐会に、よく出るワイン

今どき、このようなことを云ったら女性は怒るより笑い出す。女性はいくつになっても酸立つことはない。生涯青春を楽しんでいる。しかし、どうしてワインは女性と比較され、男性と比較した名言がないのだろうか。ワインはずっと男性のものだったのだ。

「ワインは女性にとてもよいものだ。ただし、それは男性がワインを飲んだ時のことサ」

一六六六年に出版された『宮廷のミューズ』の中の詩はこう詠《うた》う。

最高のワイン！　入手は中々困難

ワインの徳に勝るものなし
みんながそれに気づいている。
ことに奥方はすばらしい気分、
ワインを飲むのが殿方の時にはね。

四　バッカスも、ともに寿ぐ美酒の里

ワインの各生産地では、「ワインの利き酒の騎士」叙勲者に認定証を与えているが、ブルゴーニュの「利き酒の騎士」叙勲式は誠に盛大にして荘厳である。そこで叙勲された日本人もほぼ百名に達し、日本に「ブルゴーニュワインの騎士団」日本支部が一九九五年

に設立され、各界のワイン通がメンバーとなっている。毎年十二月にはブルゴーニュの本部より団長、長老をはじめ楽団員がやって来て「ブルゴーニュ地方のクリスマスを楽しむ会」が行われる。ついこの間まで「赤玉ポートワイン」がワインだと思っていた日本人のワイン界進出には目を見張るものがある。

十一月末のワイン祭「栄光の三日間」の初日、クロ・ド・ヴジョーで行われる「利き酒の騎士」認証式における世界各国の叙勲者は、名前を呼ばれて壇上に登る。鮮やかなオレンジ色のマントの上から金色の帯をかけて、これも同じオレンジ色のかぶりものをした数十人の委員の前に進み出ると、中の一人が長い「ブドーの木の根」を叙勲者の右肩に置き、次の三項目について「ウィ」と誓約を求める。

一、汝はより良く生きることをモットーとするや否や。
二、汝はブルゴーニュワインを一生飲み続けるや否や。
三、汝はブルゴーニュワインの世界的発展に貢献するや否や。

それからおもむろに

「ブドウの父、ノアの名により、
ワインの神、バッカスの名により、
ブドウ栽培のパトロン、サン＝ヴァンサンの名に
より、我々は貴殿に、利き酒の騎士の称号を与える」

と仰云《おっしゃ》る。そして署名をし、それで終わりかと思うと壇上で、

「ワインの騎士」受賞者のためのメニュー

騎士団長、理事と叙勲者との間でエスプリのきいた対話が行われて、出席者を喜ばせてくれる。

私が受勲した一九九三年、騎士団の日本通の長老はこんなことを私に訊《き》いた。

「〈古桶やバッカス飛び込むワインの音〉を中世フランス語に訳して下さい」

私は現代のフランス中世史家の著作の翻訳家であって、中世の

フランス語は分からないのに、出来ると思い込まれたらしい。青くなった私を見て、「日本の俳句をフランス語に訳すのは難しい。中世フランス語ではもっと難しい。その上、日本語で理解するのは、なおさら難しい」とさらりと云ってのけた。全くその通りだ。日本人だがフランスで育ち、教育を受けた人に、「古池や蛙《かわず》飛びこむ水の音」をフランス語に訳して教えたら、「え？だから何なの？」と云われて困惑した。仰云《おっしゃ》る通り、だから、どういう事はない。それよりも、バッカスが古桶に飛び込んで、桶が割れてワインが飲める方が実質的で、この俳句は面白いというところかも分からない。ともかく、騎士団の理事はなかなか気の利いたことを受賞者に浴びせかける。

前項で記した「ワインを飲めば、ワインはなくなる。女を愛せば、彼女はなくならないどころかもっとよくなる」と云ったのは、恋人と同棲しているあるフランス人の受勲者への言葉であった。

ノルマンディーの知事さんは、受勲後、すぐにフランス南部へ出発の予定だったが、「貴方はもうミディー《南フランス》には行きませんよね。当地ブルゴーニュに留まってしまうでしょう」と云われて、「ここの知事にしてくれたらね」と応《こた》えていた。

あるイギリス人に対しては、「かつて、フォントネでの両国の戦いでは、しばしの休戦の後《あと》、貴国は我国に対して、《どうぞお先に発射《ティレ》されよ》と云って下さった。それで、今回は我々がイギリス人の貴方に

対して《どうぞお先にワインの澱《スーティレ》引きをなされよ》と申しましょう」とティレという言葉遊びをした。

またアメリカ人の受勲者には、「昔は随分フィロクセラ（ブドウの害虫）ではお世話になりましたねえ。（アメリカの接き木の台木の御蔭《おかげ》で）立ち直りましたがね。現在ではブレール・ハウス（米・仏が農業協定を行った場所）とガット問題で貴国に悩まされていますよ」。

ドイツ人に対しては、「ドイツと違って、フランスでは神様のような生活が出

来るって人は云いますよ」

と云った具合に皮肉と冗談を、歴史と時の話題に織り交ぜて、オランダ、ベルギー、スカンジナビア、マジョリカ島、スペイン、フィリピン、イギリス、ドイツ、アメリカ、日本から押し寄せた受勲者一人一人に「バッカスの名により」云々と儀式を執り行うさまは、こうやってワインで人生は数倍楽しめるんだよ、と教えて呉れるようであった。

この後《あと》の六百名出席の飲めや歌えの晩餐会は夜中の二時まで、バッカスと共につづくのである。

「天地創造以来、ブドーはいつも文明に先んじていた」

ある利き酒の騎士の言葉

五　ワイン讃歌

「利き酒の騎士」団の音楽隊は歌を唄い、楽器を奏でるが専門の音楽家ではない。普段は鍛冶屋だったり教師だったり水道管修理人だったり年金生活者だったり――それがワイン行事があると、楽団の制服を着て音楽を奏でる。十二月に来日の際には色々の楽しい歌を聴かせてくれるので、ワインの歌をもっと知りたくて本を探した。フランスにただ一軒だけ――と威張《いば》っている料理・ワインの本専門店「グルメの本屋」(在パリ)という名の書店へ行ってみた。各国の料理本が並んでいて、もちろん寿司の本もあった。そこで見つけたのが『ワインの歌』楽譜付き――なかなか面白いのでいくつか紹介しよう。

第一頁には「ワインと音楽は心を和ませる」とある。

「ブルゴーニュ・ワインの歌」より

いつもワインを手元において
ブドウ棚の下でワインを飲めば
王様よりも、ずっと幸せ
・・・・・
もしも、わたしが死んだなら
墓穴の中のわたしの傍《そば》に
なみなみと注いだワイングラスを

ワイン騎士団の楽士たち

忘れずに置いてくれ。
死んでもワインを――という歌は多い。
もう一つ例をあげると、
※「円卓の騎士の歌」より

美味いワインなら
心ゆくまで飲み干そう
飲もうじゃないか、いいとも
心ゆくまで味わおう。

※円卓の騎士
アーサー王を中心とする中世騎士道文学の主人公たち

俺は飲む。五・六本のワインを
膝の上に一人の女をのせて
一人の女だ。いいかい
膝の上に女を抱き乍《なが》ら。

もしも俺が死んだなら
酒蔵の中に埋めてくれ、
いいワインのある酒蔵だ。
酒蔵の中だぞ。いいかい、
よいワインでいっぱいの酒蔵だぞ。

俺の墓石の上に刻んでおくれ。
「酒飲みの王、ここに眠る」と。
「ここに眠る」だぞ、いいかい、
ここに酒呑《の》みの王が眠るのだ。

この話の云わんとするもの、
それは「死ぬ前に飲め」という事だ。
飲むのだぞ、いいかい、
死ぬ前に飲まねばならぬのだ。

一七世紀によく歌われる歌がある。

「ああ、我らの先祖は幸せ者だった」より

ああ、我らの先祖は、何と幸せだったことか。
彼らが食事につけば、
もうワインは流れ出していた
彼らは満足していただろう

彼らには大したご馳走はない。
ヴェネチアン・グラスで飲むわけもない。
けれども彼らにはゴブレットがある。
彼らの白毛まじりの髭と
同じくらい背の高いゴブレッド・コップが。

彼らはラテン語も識《し》らない。
神学にも通じていない
けれども彼らはワイン通だ。
これこそ彼らの哲学なのだ。

悲しい事があったとき、
病気で痛い思いをしたとき、
彼らはそこに、医者と
薬剤師と薬屋を植えていた。

フランスという、うまし国に

ブドウの苗木を植えた者は
我らの夢を植えたも同然
崇高なルビーの輝きの希望を！

友よ、樽を飲み干そう
まるで穴のように、穴のように
そういうわけさ
未来は我らのもの！

ブドウを植えてワインをつくって飲めば、ワインこそ我が命となる。

「ワインこそ我が命」より

うまし酒
よい酒こそ我らが命、
よい酒、それは我らを元気にする
我らに命を与えるもの、
それこそワイン、ワインこそ我らが命、
我らを元気にするもの
それ、それ、それは、
それこそ、よいワイン

さて、イギリス人もワインを飲むが、イギリス生まれのよいワインというのは聞いたことがない。イギリスなんかにワインはないよ、という歌がある。一九世紀の民衆詩人ピエール・デュポン（ボードレールは彼の詩集に熱烈な賞讃的序文を書いている）の詩に「我がブドウ畑」というのがある。

春、我がブドウ畠は花ざかり
それは弱弱しい少女の香り、
夏、少女は婚約する、そして、
緑のコルセットをはじかせる、
秋、すべてが開花し、開始する
それはブドウの取り入れと圧搾《あっさく》

冬、眠りの間に
ワインは太陽にとって代わる、
（リフレイン）
炎の色のワインで満ちた
グラスをかかげて飲み干す我は
なんと幸せなフランス人
神に謝して想うことは
「フン、イギリス人にはないものだ」

ブドウ畠は神の樹木
ブドウ畠はワインの母
年老いたこの母を大切にしよう

世界で一番有名な甘口白ワイン

五千年の育ての親だ、
子どもたちを眠らせようと
グラスの中でおしゃぶりさせる
ブドウこそ愛の泉
おお　愛しのジャンヌよ
飲みつづけよう
（リフレイン）
　炎の色のワインで満ちた
グラスをかかげて飲み干す我は
なんと幸せなフランス人
神に謝して想うことは
「フン、イギリス人にはないものだ」

作者P・デュポンは、ワーテルローの戦いでナポレオンの近衛兵士だったか、もしくはトラファルガーの戦い（一八〇五年、フランス・スペイン連合艦隊が英・露に惨敗）の生き残りの子孫なのだろうか。杯をあけ乍《なが》ら、彼は古い昔の遺恨をはらしているようだ。

杯をあける杯は、愛用のゴブレットが一番だ、という歌はたくさんある。

「我がグラス」より

美しくも大きくもない我がグラス

でも私の宝物
祖父の代から使っていた
家族の思い出がいっぱいのグラス
注がれたワインが煌《きら》めくと、
昔のことを思い出す

（リフレイン）

　クリスタルもボヘミアン・グラスも
我がゴブレットに比べれば、なんの価値もない
恋人たちと飲んだグラス、
けれども、今日は独《ひと》りで飲む
飲み干し乍ら、私にはみえる
過ぎ去った日々が蘇《よみが》える

三つの時まで
ミルクを飲まされた、飲まされた、
それから、歯も耳も生《は》えてきたら
飲まされたものは何?
ブドウ棚から持ってきたミルクさ
(リフレイン)
愛も、喜びも、青春も
ワインを飲めば、次々と目前に輝く
昔のことが蘇《よみが》える
さあ、それから乾杯しよう
希望と幸せのために。そして

フランスの未来と自由のために
歌おう、飲もう、乾杯だ。
（リフレイン）

「バカほどよく笑う」という歌もある。一八世紀にパリで流行した。

選びぬかれたワインで一杯の
大きな部屋を持っていたら
サンドニやサブロンの平野のように
広い部屋を持っていたら
澱《おり》の中にペンをひたして

部屋中の壁にこう書くだろう
　いらっしゃい、おバカさんたち、
バカほど人はよく笑う

いらっしゃい、知恵のある人
人道主義者の方々も
いらっしゃい、お金持ちの人、
そして美人さんの情夫たちも
ぬけ目のない少女も、こちらへ

いらっしゃい、悲劇の作者たち

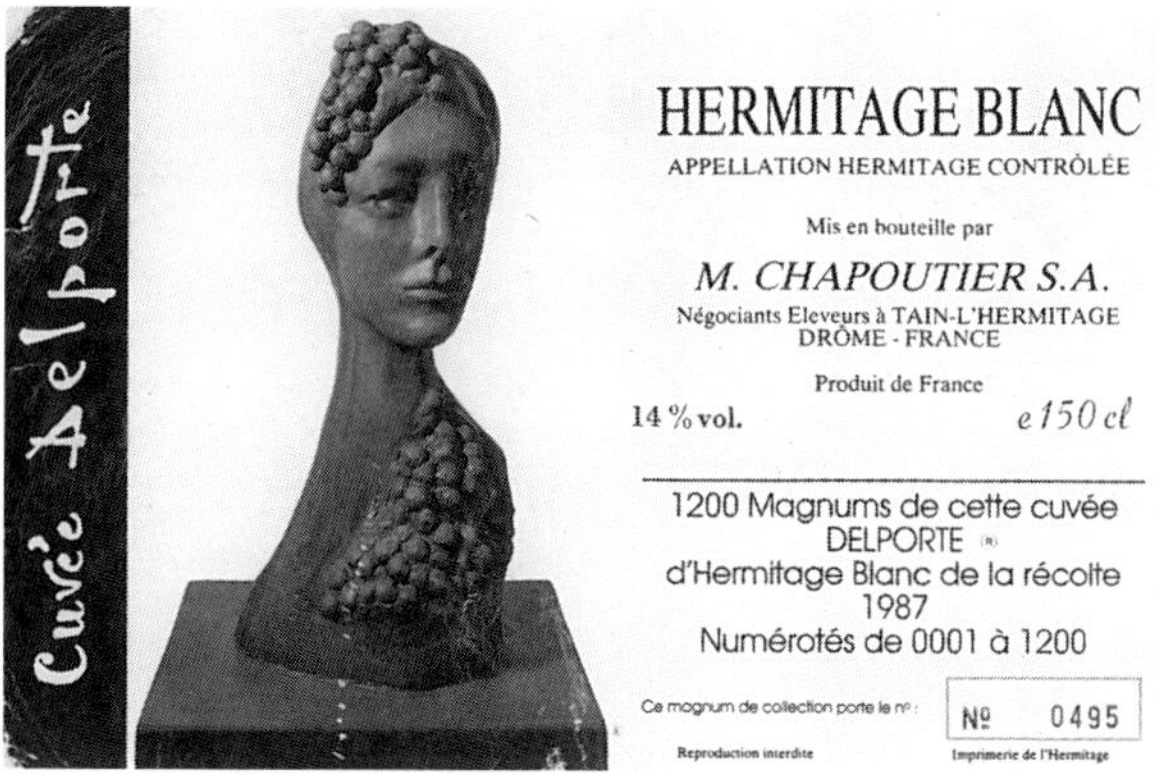

エルミタージュには、まれに白がある

バカほど人はよく笑う

人生には終わりがあるさ
いつの日か地獄へ行くかも。
悪魔や鬼がいたとしても
いつの日か地獄へ行こうじゃないか
楽しい希望さ、あんたはどう思う?
地獄の沙汰もワイン次第

みんな揃って、そこへ行こうよ
バカほど人はよく笑う

フランソワ・ヴィヨンの詩が印刷されたラベル

こうして地獄でも飲めるのだから、天国への入り口である教会でも飲兵衛《のんべえ》は当たり前である。そもそも、飲兵衛のことをフランスの諺《ことわざ》では「法王のように飲む」と云う。

「オーセールの教会参事会員」より

オーセールの、さる参事会員
公現祭の前夜に居眠りをはじめた、
こともあろうにサン・テティエンヌの聖堂の内陣で——
聖歌隊員がやってきて
耳打ちして云うことには
「第四先唱句を歌う時間ですよ」

参事会員飛び起きて
声を張り上げ歌い出した
「さあ！　いいぞ、いいぞ、
なんて良いのだ　このワイン
喉が渇いた　飲もうじゃないか」

六　ワイン讃詩

歌のつづきは詩といこう。一五世紀の詩人オリヴィエ・バスランの詩集に、「オー・ド・ヴィー」（蒸留酒）というのがある。その中からいくつかを紹介する。パリの古本屋市でみつけた一八五八

年刊行の本だが、古本屋の云うのに、最近、見直されてきた詩人
だとか――

「ワインは愛に勝る」より

私には恋人ができた、と人は云うが
私はまだ彼女を欲しない
どうやって近づいたらよいものか――
ともかく、女を愛するより一杯やった方が好きなのさ

私の赤ら顔をみつめて
彼女は云うだろう

「酒飲みは嫌いよ」
けれども私は、女を愛するより
一杯やった方が好きなのさ
彼女との愛の、最中《さなか》でも
ワインの歌しか唄わないのさ、
若い女には酷なことだが、女を愛するよりも
一杯やる方が好きなのさ

若い妻が夫の傍《そば》で休むとき
「肌に触れて」と云うのは当たり前、
だけどこの時、許しを乞《こ》うて
こう云ってやらねばならぬのだ。

女を愛するより、一杯やる方が好きだとね、
自分の癖《くせ》は変えられないのさ、
この詩人には、酒と女は両立しないらしい。
「ワインは詩人に霊感を与える」より

愛は詩想を与えてくれぬ、
まして況《いわん》や戦争をや、
けれども、ワインはちょっと違う
だから、生まれてこのかた、ずっと

ワインの題材を詩を作ってきたのだ。

食卓では友達と、
ワインのことしか話さない
大アレキサンダーもかつて
大勢の王たちもまた
ワインを話題に栄光を射止めたのだ。

「医者に従わず」より

こんな医者を連《っ》れ去ってくれ
飲むのは水だけ、と云う医者を

ワインはやめろと云う医者を、
そしたら私は治ると云うが
ほんとうは私を殺させるのだ。

この残忍な医者は
水を飲めと云いに来るのだ
いやはや、なんて事だ、
騙《だま》されたりしないぞ

こいつの云うことを信じたならば
私は醜《みにく》く死ぬだろうよ
ワインさえ舐《な》めていれば

必ず健康を取り戻すさ

詩人の詩は、三百頁にわたってこのように延々とつづく。「老人と医者の対話」という詩もあるが、医者の言をはねつけて自然死を迎えたことになっている。

七　日本人を矯正しようぜ

ここにフランスの漫画がある。

「天地創造以来、ブドウは常に文明に先んじていたのじゃ」と、声高に云っている利き酒の騎士に対して、「我々は、日本人の五〇

○○年来の風変わりを矯正してやろうぜ」と、三人の若者がワインを片手に叫んでいる。つまり、日本人は今ごろ慌《あわ》ててブドウ酒を造ったり、フランスのブドウ畑を買い入れたりしているが、後れてるッ。日本は、「はじめにブドウありき」の国ではないんだ、と云いたいところなのだろうか。

そう思われて、失意に落ち入る日本人ではないのだが、フランスの歴史はワインとともに変わってきたのだから仕方がない。

一五世紀、フランス国王シャルル七世（かのジャンヌ・ダルクに助けられて、国王聖別式に臨んだ）の息子のルイ十一世は、小男で肥満のコンプレックスの塊《かたま》りであったが、勇気と器用さと知

性と奸策《かんさく》に富み、ブルゴーニュ侯シャルル突進侯と戦って勝ち、アラスの条約でブルゴーニュの大半を得た王である。

一四七五年に王は、イギリス王エドワード四世と戦うことになる。イギリス王はカレーの港に上陸し攻めて来た。ルイ十一世はイギリスと和平を結びたくて、ボーヌのワインを大盤振る舞いした。心地よく酔ったイギリス王は、フランス王の思惑通り、「ピキニーの和平」を受け入れたと云う。したがって、ボーヌのワインは、昔から「口論をやめさせる効力がある」と云われている。このような歴史が日本にない以上、フランスの漫画を怒るわけにもいくまい。

ブルゴーニュで45年はめずらしい

八　フランス人へのお返し

「日本人を矯正しようぜ」などと云う、フランスの漫画に対抗する日本の漫画をみつけて大いに喜んだ。その昔、池田勇人首相がフランスを訪問した際、ド・ゴール大統領は、「この人、トランジスターのセールスマンかい？」と云った。それから三〇年後の一九九〇年七月（七月十九日から四日間）、ロカール首相が来日した。漫画は海部首相がロカールを指して、「この人、ワインと香水のセールスマンかい？」と云っている図である。（一九九〇年七月三一日の『朝日新聞』ウィークリー・アエラ。作者は山井教雄氏で、第二回国際政治漫画祭グランプリ受賞者）。

ロカール首相は日本を対等のパートナーとして尊重しようと振舞ったのだが、当時の日本の経済力は、フランスの比ではなかった。そして、フランス・ワインも香水もどんどん上陸し、日本はフランス・ワイン輸入大国となった。シラク大統領が原爆実験を強行した時も、抗議としてワイン輸入をひかえる、飲まない、と云った話はそれほど盛り上がらなかった。やっぱり、「日本人矯正漫画」はいただけないのではないか。そのうち、こんな漫画も生まれるだろう

ソムリエコンクールにて。

日本製ワインを口にするフランス人ソムリエの曰《いわ》く、「これは※ムトン＝ロトシルドの七八年です。」

※ムトン＝ロトシルド
ポイヤック。赤ワイン、四つ星、78年は大収穫年。

九　創世記

まず最初に、楽園ありき、多くは分かっていないけれど、ともかく、そこには一本のリンゴの樹とブドウの樹がありました。アダムとイヴはブドウの樹に気をとめました。それは葉っぱを取って彼らの恥丘にはるためでした。

ここで質問。ブドウの葉は別に糊《のり》がついているわけでなし、どうしてくっ付いていられたのでしょう。ある哲学者の説明によれば、葉っぱだけを椀《も》ぎ取ったのではなくて、蔓《つる》もいっしょに取って巻きつけたのでしょう。

その頃は悪はまだ存在せず、羞恥心だけはもっていたと云うけれど、ここでまた質問、どうして恥じらいの感情があったのでしょう。それはともかく、リンゴの樹とリンゴと蛇のお話が生まれて、二人は楽園を追われ、働かねばならなくなりました。ここでイヴは、世界で一番古い職業を考え出し、アダムの方は主のブドウ畠へ逃げ込んだのです。

その時以来、ワインとセックスは我らの文明の基本となったのです。アダムとイヴの子どもたちは、ずっと失われた楽園を求める旅にあるのです。楽園とはワインの園《その》なのです。

というわけで、創世記からワインを造っているのだから、ここ数十年来、めきめきとワイン界にのしてきた日本人に対して、第四章で紹介したような皮肉な言葉が出るのである。

一〇　諺《ことわざ》となぞなぞ

ワインに関するフランスの諺は、日本の諺に対応するものが多い。考えることは何処《どこ》でも同じなのだ。

「古いワイン、昔からの友、古い金」

日本でも古酒は珍重され、「女房と味噌は古いほどよい」と云う。「畳と女房は新しい方がよい」ほど人口に膾炙《かいしゃ》されてはいないが、古い友や、女房の方が信用できる。しかし、ワインの年代物は、開けてみないとわからない楽しみと恐ろしさがある。

「ワインが入れば理性は出てゆく」

ワインを飲んだら、ものの道理が分からなくなる。失言・事故に注意・・・と云っても、フランスではワイン一杯のアルコール分は車の事故に繋《つな》がらないし、流産しかけても、入院中の食事にワインはついた。

「注がれたブドウ酒が、必ずしも飲まれるわけではない」

物事は、最後まで見極めなくてはならない。始まったからと云って、安心してはならない。途中でどうなるか分からないことへ

の戒めである。

「ワインの樽出し、飲まねばならぬ」

遣《や》り始めたことは、遣り通さねばならない。一旦《いったん》、手をつけた仕事は、途中でやめられない。つまり、前出の諺と同じ思想だが、ほんとうは少し異なり、これには二つの解釈がある。まず、中世においては、ワインは樽から直接飲んでいたから、その品質は急速に劣化していた。したがって、はやく飲んでしまわねばならなかった。

現代の解釈は、ワインの瓶を開けたら一滴も残さず、さあ早く飲め！　と云うわけだが、これは金儲《かねもう》け主義のワイン業者が、ことさら広めた諺のようである。ともかく、瓶詰めされたワインは長くおくワインと、すぐ飲むものとの差を識《し》らなければならない。それは、生ダラとチョーザメの卵の差のようなものだ。よく似ているけれど、食卓にあがれば生ダラの方はたんに魚の卵で、チョーザメの方はキャビアとなる。

「理性をもって飲む限り、ワインはよいものである」

日本でも酒は程よく飲めば、百薬の長と云う。

「よいワインを飲んだら、馬もよくなる」

よい酒の後《あと》では、気分がよいので馬捌《さば》きも上手になるらしい。

「爪の上のルビーを飲む」

飲み干したグラスを逆さにして、爪の上にルビーのような赤ブドウ酒の一滴が落ちる。そこまで完全に飲み干すのが、礼儀である。

「ブドー栽培者って何?」

貧しい土地の豊かな百姓のこと。彼らはよく働く。だから、彼らの足は、ブドウの匂《にお》いがいつもしている。しかし、彼らが踏んで造ったワインは、べつに足の臭《にお》いはしていない。

「年代物のワインって、どうして大切なの？」

ワイン好きが○○年の物がよいとか、自分が産まれた年のワインを持っている、とか云うのは、そのワインの品質がよい、と云うわけではなく、ただ単に「開けないで、もう少し置いておける」と云うだけのことである。それに年代物信奉者たるワイン醸造技術者は、ただ単にこの世が終わらない前に、我々の酒倉を空《から》にさせたくないから、そうやって我々をたきつけているだけなのサ。

「ワイン醸造学者と、酒呑みの差は何？」

二人とも野蛮人だ。ワイン醸造学者の方は、ワインを口にして飲み干す前に吐き出す奴《やつ》。呑《の》んだくれの方は、ワインを飲み干してから吐く奴。バッカス（ブドウ酒と豊穣の神、激情的）とエピクロス（ギリシャの哲学者、精神的快楽を最高善とする）の庇護のもと、我々は中庸《ちゅうよう》を得た文明人であろうではないか。

「ワイン醸造所の倉庫係りの役割は？」

ブドウを調べる人を、調べる人である。客の財政状態と、醸造所の流動資金との間の価格整調係りと云ってもよい。したがって、大いに羽振りがよろしい。

「警察官にもいろいろある。ワインの競《せ》りの時の競売吏と、麻薬中毒摘発係りの警官との違いは?」

前者は、ワインをひと山いくらで売る。後者は、袖の下を受け取る。

一一　この世は香りでできている

しかも、女の香りでできている。そして、ワインの香りである。香りには、三種ある。アロマ、ブーケ、フュメ。アロマはブドウの果実に由来する香り、ブーケはブドウの醸造・熟成に由来する香り、フュメはワインの香気、だから、ワインと鼻は切っても切れない間柄である。

まず、アロマそれはワインの最初の香り、若い女性のまじり気のない香り。ソーヴィニョン・ブランの香り、軽やかな服装、つまり恋。

そこへゆくとブーケは違う。年を経て身に馴染《なじ》んだ香り、既《すで》になにか人口的な罠《わな》が忍《しの》んでいる。つまり、成熟した女性の香り。あらゆる欲望が潜《ひそ》んでいる。それはグラスに鼻をくっ付けなくても自然に煙のようにわき出る。ちょっと麻薬的な魅力。ワインとはコケティシュの代名詞。

それではフュメとは何《なに》？　三〇年も過ぎれば、ブーケは消え失せ、エッセンスの塊《かたま》り、エキスとなる。それから後《あと》は御存知のとおり・・・ワインは愛することも愛されることも忘れてしまう。

そして、三つの香りに点をつけるのは男性で、男性の香りを分析してワインに似せて、女性が楽しむ時代が来るのは何時《いつ》のことやら。

一二　怒る修道院長

このワインは胸があるという表現は、少々淫《みだ》らなものを感じさせる――けれども単に女性的で肉感的で、というだけのことかも分からない。もっとも男性的なワインだ、と云う時には「このワインはチョッキ姿だ」と云う表現がある。女性的なワインの表現の方は、つまり服を脱がせてしまい、「このワインは腿《もも》――または尻を感じさせる――」とか、「腰がぬけそうだ」「帯が解《と》けそう」、その上「お臍《へそ》があるよ」などと云う。そこでこんな漫画が登場する。

修道士と修道院長の酒倉での対話――

「フーン、このワインはよく出来上がった。胸も尻もある」

と舌なめずりをするのを見た修道院長は怒り、

「あとから告白に来なさいよ！　ドン・ペリニョン君※」。

※ドン・ペリニョン
十七世紀の僧、シャンパンの開発者。

一三　三つの大罪

修道僧はワインを造り、味わい、女体を想って夢に酔う。在家の信者も、ことある毎にワインを手にする。一昔前、ジェラール・フィリップ主演の「七つの大罪」という映画があった。大食の罪はあったが、酩酊《めいてい》の罪というのはなかった。酒《さけ》呑《の》みは、当たり前で悪人ではない。ただ、酒の上の喧嘩・暴言・交通事故となると、殺人事件に至ってしまうから注意なのであろう。

悪魔の親分が囁《ささや》いた。「三つの罪のうちから一つ

の罪だけ選んで、それを犯してもよろしい」と。

一つは人を殺す罪、二つ目はワインを飲む罪、三つ目は女と同衾《どうきん》する罪。

国名は差し控《ひか》えるが、あるチェスの名人は、チェス世界チャンピョンのライヴァルを殺す罪を選び、イタリアの青年は、当然のことながら女性と同衾を選ぶ。さて、フランス人は、これまた当然の帰結として、ワインを飲む罪を選んだ。ところが、ワインを飲んだフランス人は、気も度胸も大きくなってしまって、他の二つの罪、殺人と同衾までも犯してしまったと云う——フランス人の創った小咄《こばなし》である。

一四　何《なん》てきれいなお小水

次もフランスの漫画から ―― 酒倉で小僧が酒桶のうえに乗り、こっそりと桶の穴へ、オシッコをしている。階段の上から怖い顔をした見張り番の声、「なにか聴こえるぞ、いい加減に、もう馬鹿な真似はよさんか?」

「ブルゴーニュの歌」より

腹から出た尿
何てきれいなお小水
オシッコをしよう、ワインを出そう

ほらほら、きれいなワインのオシッコ
ほらね、きれいなお小水
オシッコは地面に染《し》みる
そしてきれいな土地ができる
ワインをかけよう、ワインの肥料を
ほらね、ワインによい土壌
ほらほら、きれいなワイン漬け。

つまり、ワインを飲んだ後《あと》のお小水は地に還《かえ》り、またワインに熟して飲兵衛の体を駆け巡り、お小水となって地に戻り —— と循環する。なんの無駄もない、ワインは豊穣と繁殖の神である。

だから、神々も喜び給う。「スーッとして蜜の香りのするワインは、神が柔らかいベッドカバーに垂らしたオシッコ」だと云う。そもそも、フランスのある地方では、よいワインのことを「マリア様が、貴方の喉にして下さったオシッコ」だと云う。もっとも、あまりにも薄いワインのことを「ロバのオシッコ」と云うのは、日本でも「馬のオシッコで割ったような」と云うに等しい。

ワインは血であり、栄養である。だから、こうも云う、「朝は白ブドー酒を、夕べには赤を。それは血をつくるため」。

一五　ミサのワイン

聖体拝領の時のワインは、一六世紀以来ずっと白ワインであった。キリストは「これは私の血である」と云ったのだが、赤ワインではない。理由は聖体拝領後、カリス※を拭《ふ》く布にシミを残さないためだと云う。

けれども、赤ワインの方を好む司教様もいるはずだ。ルイ一五世の愛人、ポンパドゥール夫人の庇護を受け、外相にもなった政治家でもある枢機卿《すうききょう》ベルニスは、ムルソーのワインしかミサに使わなかった。贅沢である。

しかし、彼は「神の御前で顰《しか》め面をするより、ムルソーで晴れ

※カリス
ミサの時にブドー酒をつぐのに用いる祭具。

やかな顔を」と云ったという。

ワインは飲みたし、金はなしの面々には、ミサのワインをかすめるのがよろしい。それを実行したのが狐である。

フランス中世の代表的動物叙事詩「狐物語」の主人公ルナールは、ありとあらゆる悪事をはたらいて楽しんでいる。

狼イザングランの弟プリモーは、腹が減ってたまらない。

ルナールはついて来いと云う。

教会に行こうじゃないか
あそこにゃ、たんまりあるぜ
・・・・
なかには坊さんがしまっておいた

パンとブドウ酒と肉と魚をみつけたぞ
・・・・
ほんとにこれはスゴイ
思う存分、呑《の》めるじゃないか

と云って呑みっぷりを競い合い、それからまた、とんでもない悪さをするお話である。信心深い中世で、このような話が民衆に喜ばれて、ベストセラーになるとは、やはり、教会の富に嫉妬していた人々が多かったことが窺われる。

一六　白か赤か

カリスを拭《ふ》く布がシミにならぬよう、ミサの時のワインは白だと書いたが、シミがつくのを嫌がるのは、聖体拝領の時ばかりではない。シャルルマーニュ大帝の妻は、大帝が赤ワインを飲んで口髭が赤く染まるのを嫌がって文句を云った。それで大帝は、白ワインを造るよう命じたという云い伝えがある。

その後、このブドウ園(ブルゴーニュのコルトン＝シャルルマーニュ)は、七七五年にソーリュー(ブルゴーニュのディジョン西方の町)の聖アンドシュ参事会教会の教会参事会員に寄贈され、赤ワインのような芳醇《ほうじゅん》の白ワインが熟成される。

「コルトン・シャルルマーニュ1985」のラベル

さすがシャルルマーニュ大帝の命令一下、植えられたブドウの威力だが、もとはと云えば、大帝の妻の厭味《いやみ》から始まったのが面白い。

もっともこの妻(ロンバルド族の王の娘)は後《のち》に離縁されている。妻の我儘《わがまま》のせいではなく、妻の父との争いの故である。

一七　ブドウで塗りたくなる

シミをつけないための白ワインに対して、今度はブドウの色ジミをつけねばならないお話である。

九月、一年で一番美しい季節、野原にはイヌサフラン（ユリ科）の花が咲き乱れ、天には銀河が三分の一を占め、星の数は急に多くなり、空気はセロリの香りがする。フクロウが啼《な》くと天は地に近くなる。ツバメは風を起こし、ツグミが山から下りてくると、さァブドウの取り入れが始まる。老若男女が集《つど》ってブドウ合戦だ。ブドウが全部摘まれるわけではない。

よく熟していないブドウ、小さすぎる房など、ブドウの摘み残しを使ってのお祭りが始まる。

ブドウをお互いの顔に塗りたくる。色が濃いほど、よろしい。

一九世紀にはオーヴェルニュ地方では「ワイン染め」と呼んでいた。

また、プロヴァンスでは娘たちに「化粧してやるよ」と云っていた。

ロレーヌ地方では「はけぬり」とも云う。そして、ブドウの搾《しぼ》り汁を若く美しい娘たちに振りかけるのだ。

塗られた顔ジミを取るにはどうするか。ブルボネ地方やブルゴーニュでは、それは男性の手を借りねばならない。彼らは娘たちの顔にキスをして、ワインじみを取り除く。顔に塗りたくるのは、老若男女だれでもよい。ただし、キスの嵐をうけてワインじみを取ってもらえるのは若い娘だけで、男性はオバサンの顔にキスはしない。こうして収穫が終わると、ブドウ摘みの人々は、最後の荷車に乗って村に帰るのであった。二〇世紀に入った頃からもう無くなったお祭り、もしくは儀式である。

一八　ワインの底には魂がある

「ワインの底には、魂が隠されている」と云ったのは、テオドール・ド・パンヴィル（一九世紀、フランスの詩人、ロマン派）である。ボードレールも云った。「ある夕べ、瓶の底でワインの魂が歌っていた」。ゾラも『大地』の中で書いている。「ワインの魂が広がってゆく。そのつよい香りは、この世を酔わせるのに充分だ」。そして、その魂には三つの効果がある――

シャンペンは飲んだ人の心に働きかけ、

ボルドーは精神に語りかけ、
ブルゴーニュは感覚に訴える。

だから、恋人同士で飲む時は、ブルゴーニュがよろしい。では、独《ひと》りで飲む時は？　水。

一九　フランスワインの用語集

昨今は女性ソムリエも多く、昔より試験問題も難しくなったようだ。スチュワーデスが挙《こぞ》ってソムリエの資格を取った時期には、「ソムリエになると、ファースト・クラスの旅客室係りになれるから」という本当のような嘘のようなことも云われた。

ともかく、ソムリエコンクールで優勝しようとでも云う人のワイン評価表現の語彙は豊富というより、「そんな香りって、どんな香り?」と訊《き》きたいほどである。曰《いわ》く――

火を通した果実の香り(つまりジャム)
獣(動物)の臭《にお》い
南の太陽の香り
湿った腐葉の香り
種を齧《かじ》ったような香り

などなど。そこで、フランス語のワイン表現の中から、面白いものを述べる。

耳の上に帽子がのった感じのワイン
猫のワイン、犬が居るワイン
鼻の一撃、インキの味
死者を蘇《よみが》えさせるワイン
舌の上をころがる、長さがある
光りの味、炭酸漬け
メルカプタン（チオルアルコール）
孔雀の尻尾、狐の尻尾
煤《すす》払いの匂い
ヤマウズラの目のワイン（色の薄い赤ワイン）
柴の束のうしろのワイン（長くねかせた極上ワイン）

木の味、ビールの味、イギリス人の味

味・食・匂いは個人的だから、なんとでも云えるけれど、我々日本人が考えつかない表現があるのが面白い。
これに反して、飲兵衛のことを云うフランス語は、いちいち頷《うなず》ける。

スポンジのように飲む、穴のように飲む
教皇のように飲む
あばずれ女、喉の中に坂がある
キャバレの柱（飲み屋の常連）
トクトクトクッ（ワインを注《つ》ぐ音）

新しい機材に酒をしみ込ませる
鋼の口ばし
ベルシーの丘生まれ（ベルシーはパリ十二区にあり、木材やワインの港であった。一九世紀初頭よりワインの倉庫が多く造られた）
吸い取り紙製造所で働く
ココナッツミルクしか飲まないわけじゃない
酒客譫妄《せんもう》（アルコール中毒による精神病）
自転車では決して下りたくない急坂を下りる人
ブルトン語でラ・マルセイエーズ（国歌）を歌う
田園監視員のように酔っ払う
鼻が凍る（嗅覚がなくなる）

ベッドが動いている
テーブルの下を転がる
溝の中を転がる
酒びたりの目、目まで酔う
頭へ昇る
主のブドウ畑にいる（「主のブドウに専心する」と云えば、伝導に携《たずさ》わること）

などなどと、さすがその表現は多岐にわたっているが、それほど管《くだ》を巻いて酔う人は多いとは思わない。とにかく、会席料理のお吸物《すいもの》と同じく、ワインを飲みながらの食事なのであるから。

一七世紀に流行《はや》った表現「蚤《のみ》を楽しませるまで飲む」については

次章で述べる。

二〇　蚤《のみ》と共存

ローマの詩人ホラティラス（紀元前六七年）は、解放された奴隷であった父より教育を授《さず》けられ、諷刺《ふうし》詩や抒情詩を書き、皇帝アウグストゥスに認められ、桂冠詩人の地位を得た人物である。渾《あだ》名《な》はフラクス、柔らかいとか、弛《ゆる》んだとかブヨブヨしているという意味で、たしかに彼は小さく、肥満であった。

アウグストゥス帝は「お前の本の大きさは、お前の体にそっくりだ。お前の腹とおなじ厚みだ」と云ったという。その上、禿《ハゲ》であった。こういう体格の人に有り勝ちな性格として、彼は怒りやすく、冷《さ》めやすい。リューマチにも痛風にも罹《かか》っていたが、痛みがさめると直《す》ぐ飲み始めた。

ワインと愛を求め、親友のメセナス（文芸の擁護者で、芸術・文化の援護者メセナは彼の名に由来）とともにワイン樽のもとで友情、幸福、愛について毎夕、語り明かしていた。「ワインは悲しみを忘れさせ、心に希望を起こし、雄辯《ゆうべん》を与え、若返らせ、秘密の口を割らせ、兵士には勇気を鼓舞し、すべての人に才能を与える。その上、ワインは蚤を楽しませる」と彼は云う。蚤も生きねばならない。生き生きとした人の皮膚を噛《か》んで、生きながらえる。噛まれた人は、ムズムズする。ところが、ワインはこの痒《かゆ》みを忘れさせる。だから、

蚤は大した良心の呵責もなく、ゆったりと生きることができる。
これを称して豊かなカップルの共存と云う。
これがずっと後《あと》になって、次の表現となったのだ。

蚤を楽しませるまで酔い潰《つぶ》れる。
その刺し傷の痛みを感じない蚤を眠りこけさせるまで酔っ払う。

二一　酔いもたせの桃の種

蚤《のみ》を楽しませようと思っても、酔いが覚《さ》めてしまってはこちらの身がもたない。そこで、酔いをもたせるには――と一六世紀のフランスの医者ダルシャンは語る。「酒を飲む前に、桃の種《たね》を六・七箇食べるとよい。ただし、種の殻を取り除いてからね。そうでないと酔いをもたせるつもりが、喉が詰まってしまうから」。

桃は果実の中で、もっとも不完全な産物である。冷たいし湿っぽいし、多食すると痰《たん》が出やすいと昔から云われている。しかし、なぜかワインと相性がよいのだ。それに「桃のワイン煮」は恋煩《こいわずら》いによく効く薬である。桃は胃に凭《もた》れるから恋の病いを忘れさせ、桃の種を食べると酒がずっと体内をまわっていて朦朧《もうろう》となって、恋したことすら忘れるらしい。

この両者の相性の良さを韻《いん》を踏んで一七世紀には、こう歌っていた。

ワインのあたたかさが
桃の冷たさを
取り除く。そして——
桃はその冷たさで
ワインのあたたかさを
防《ふせ》いでいる。

一杯やる前に
桃を吸ってごらん（キスをするの意）
ブドウ畠に坐《すわ》って
桃を手にして。

二一　文学者の酩酊《めいてい》別分類

酒は涙か溜息《ためいき》か、悲しい酒、楽しい酒、郷愁の酒、旅の酒、ヒステリックな酒、といった具合に酒は、どんな形容詞にも合う。

フランスの文豪たちもワインを飲みながら、または酩酊しつつ、飲みっぷりのよい主人公を創造して小説を書き、詩を綴《つづ》った。彼らの酒を人呼《ひとよ》んでかく云う――ということを述べて、フランスワインあれこれの結論としよう。

時代錯誤的・鬱的酩酊（ボードレール、モーパッサン※）

※モーパッサン
十九世紀　フランスの小説家『女の一生』

美よ
汝は何処《いづこ》より来る、
高き天よりか、底知れぬ闇より出《いで》しか
汝の眼差《まなざ》しは悪魔にして神性
幸《さち》と罪を雑然と注ぎ込む
その故にこそ、
汝は酒に譬《たと》え得るのだ

ボードレール

自由奔放にして欲情的酩酊（カザノーヴァ※、アナクレオン※）

五〇箇の牡蠣《かき》を食べ、二本のシャンパンを抜いた。女友達

※カザノーヴァ
十八世紀　イタリアの山師、醜聞のため投獄されたがのちヨーロッパ各国の宮廷に出入りした

たちはゲップをはじめた。私は悲しい、なぜならアルメリーヌをキスで貪《むさぼ》りたかったのだが、熱い眼《め》を注《そそ》ぐことしかできなかったから。・・・・アルメリーヌは何《なん》だか恋に陥《お》ちそうな風情《ふぜい》だ。私はうれしい。私はバッカスの神を頼った・・・・ポンチを作ってシャンパンを一本、そこに注《つ》ぎこんだ。

彼女たちは、この飲み物の魅力にとり憑《つ》かれた。

カザノーヴァ『我が人生』

※アナクレオン
紀元前六世紀　酒と悪の詩集五巻を残す

孤独な酒※（ランボー）

飲み明かした夜、それは聖なる夜、ご褒美として与えられ

※ランボー
十九世紀　フランスの詩人、象徴派『地獄の一季節』

た、見せかけのものだとしても──

ランボー

肯定的・人道主義的酩酊（ヴィクトル・ユゴー※）

神は水だけを造り給うた。
ところで人間はワインを造った。

＊

ああ、有り難き一杯のワイン、
酒なくしては我がエスプリ、
夢か現《うつつ》か、珍奇に陥《おちい》る
杯をほせば、失敗は砕け、誤謬《ごびゅう》は消失、

※ヴィクトル・ユゴー
十九世紀　フランスの詩人、小説家、劇作家
『レ・ミゼラブル』

汝、このことを知らざるや？
酒は酔いを覚《さ》まし、夢想を解くのだ。

ユゴー

陽気で自然な酒（モリエール※、アルフォンス・ドーデ※）

友よ杯を乾《ほ》そう
時は去り行く、生を楽しもう
できる限り、楽しもう

富も知識も栄光でさえ
厄介事を取り除きはしない

※モリエール
十七世紀　フランスの喜劇作家『人間ぎらい』

※アルフォンス・ドーデ
十九世紀　フランスの小説家『水車小屋だより』

飲むことだけが愉快さ
幸せに生きてゆくには。

モリエール

ワイン一言居士

ワイン、それは太陽と大地の息子

※ポール・クローデル

ああ、平和とは善《よ》きもの、平和に武器は不必要。だから、殺人はない。だから、刑務所はワインカーブに変身。

アルフォンス・ドーデ

※ポール・クローデル
二十世紀　フランスの劇作家、外交官、詩人『繻子の靴』

私は食後にしか飲まぬことにしている。だから何時《いつ》も、より美味の最後の一杯を口にするのだ。また、年を老《と》ると口蓋《こうがい》が汚《よご》れたり、なんらかの悪い成分がつく。それをワインは消毒して呉れるのだ。

※モンテーニュ

「芸術家とは何か」と問われたロダンは、こう応《こた》えた。「造るものに喜びを感じる人々のことだ」。これは、画家とブドウ栽培者、詩人とワイン醸造者、音楽家とワイン鑑賞家を結びつける定義でもある。

ピエール・プポン(ワインの騎士団の司書)

※モンテーニュ
十六世紀　フランスのモラリスト『随想録』

想像力は、食欲とともに来たり、喉の渇《かわ》きは酒とともに出てゆく。

フランソワ・ラブレー※

ワイン好きは罪に非《あら》ず。罪を犯すことはまず無い。酒呑《の》みは親愛の情厚く、率直で、大体の人が善人、素直、正直で勇敢だ。

ジャン・ジャック・ルソー※

大地は水を吸う
草木は根から飲む

※フランソワ・ラブレー
十六世紀　フランスの人文学者　物語作者『ガルガンチュアとパンタグリュエル』

※ジャン・ジャック・ルソー
十八世紀　フランスの作家、思想家『社会契約論』

海は風を吸う
太陽は海水を飲む
高きも低きも、すべて飲む
どうして我々も飲まずにおられようか。

※ピエール・ド・ロンサール

ブドウ、ワイン、これらは実に神秘的だ。ブドウは我々に土の真の味とは何《なに》かを教えて呉れる。ブドウの房によって地面の秘密を説明して呉れる。不思議な植物。

※コレット女史

※ピエール・ド・ロンサール
十六世紀　フランスの詩人『第一オード詩集』

※コレット女史
二十世紀　フランスの女流小説家『青い麦』

ボージョレを口に含む
失恋の痛みに似たる甘き果汁

カオールを歯の隙間《あいだ》からそっと入れる
舌の端《さき》でころがる香りの余韻

ボルドーを口に流す
自然に吸い込まれる甘露《かんろ》の味

ブルゴーニュを喉元に通す
パッと開ける愛の勝利

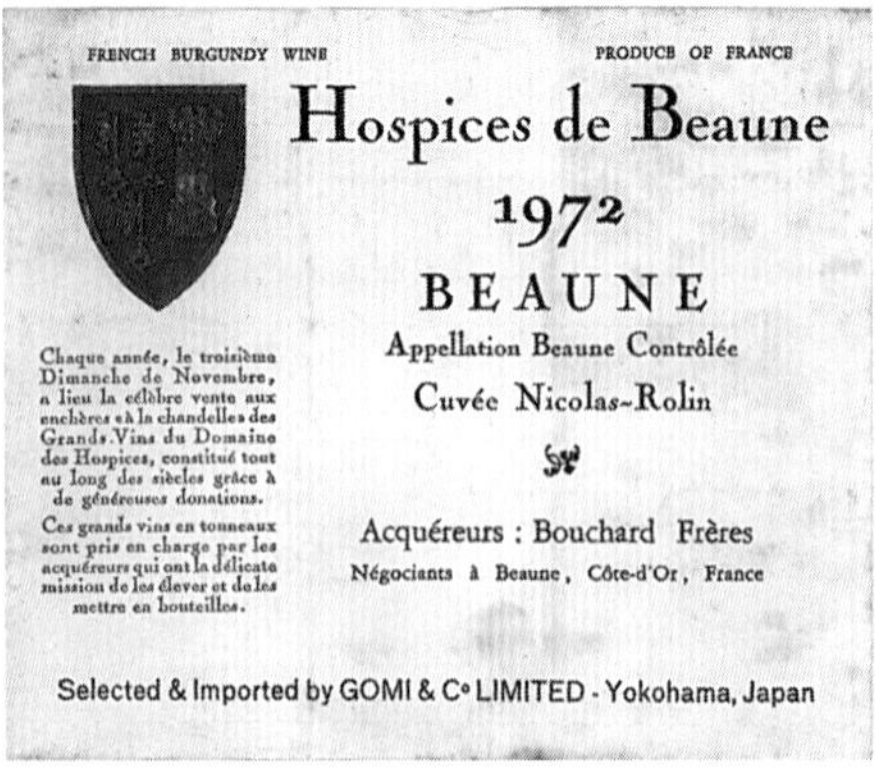

ホスピス・ド・ボーヌで、ある日本人が最初に競落した壜《ビン》

冷《ひ》えたシャンパンを噛《か》み下《くだ》す
熱っぽく愛された
女性の体液。
ワインと女体に恋《こ》がれて
酔いしれる人生

詠《よ》み人《ひと》知らず

［ドイツ編］

古賀　守

その昔、ボルドーの著名なシャトー・オーゾンヌを拓いた人とされる古代ローマの大詩人アウソニウスは、且てモーゼル河を旅して、その風景に心打たれ、有名な詩(モーゼラ)を残しています。彼はガリア、現在のフランスのナンシー辺りから舟に乗って川下りを楽しみ、現在のドイツへ入る辺りで「ああ、ゲルマニアの山々が見えるぞ」と呼んだでしょうかね？

本書もいよいよフランスからドイツへと移ってゆきます。

一　革の臭いだ、金っ気の味だ

昔エーバーバッハ修道院では、何か特別の宴や賓客を招待するような時には、前もって杜氏さん達が適当なワイン選びをしたものです。

ある日院長の依頼で二人の名杜氏が良いワイン探しに、あの樽この樽と試飲して、一つの上ものを選びましたが、一人の杜氏(甲)がふと一言、「これはなかなかのものだが、ほんの僅かながらも金っ気の味が気にかかる」と。その時もう一人の杜氏(乙)も「うん、わしも僅かながら何か異臭が気になっていた。革のような臭いかな?」と。甲は「いや、邪魔なのは金っ気の味よ」に対して、乙は「いやいや味筋は申し分ないが、ちと革の臭いが気にかかるのよ」と。

そこでまたまたその樽からワインを抜き取り、「ほら、金っ気の味が」「いや、革の臭いよ」と論じ合いながら、ではまた一盃、また一盃と、金っ気の味だ、革の臭いだと言い張りながら、とうとう徹夜で試飲論争しても折り合いつかず、ふと気がついた時には、早や夜も明け始めたようだし、最後にもう一盃と樽の栓を開けたが、もはや樽は底をつき、えいとばかり二人で樽をゆり動かしてみたら、中で何やら音がします。不思議に思い二人は樽の注入口を開けて中を覗いたら、誰が落したのか、何と底には革袋に入った一本の鉄鍵が入っていたとか。

さすがエーバーバッハの名杜氏、二五〇リットルのワインの中の僅か鍵一本の異物から、革の臭いと金っ気の味を嗅ぎ出すとは。化学分析器の現代、クロマトグラフィ級ですかね。

一般に人間を含めて動物の嗅覚は、鍛練次第では殆ど機械並みになるとは言われていますが、やはりそうでしょうかね。ここでそれ以上に驚くことは、何と二人で二五〇リットル（ビン詰めで三〇〇本）のワインを一夜で飲み尽くすとは？

この言い伝えを元に、今日ラインガウ地域の名誉あるワイン協議会の会員に授けられる会員証は、この修道院最高の展示室とされる、中世各種の搾汁器を集めた部屋のドアの鍵を革袋に入れたものなのです。会員はそれを胸に下げ、永久にラインガウの誇りの証としています。

ラインガウ
ワイン協議会会員章

エーバーバッハ修道院で造られるワイン「シュタインベルガー(Steinberger)」

二　優雅なワイン用語カビネットの由来

ラインガウの元修道院クロスター・エーバーバッハは、かつてこの一帯が神聖ローマ帝国領であった頃、同じ領内のブルゴーニュの修道院クロ・ド・ヴジョーの修道院のクララ・ヴォーが、分院建立の適地を探す旅の途中で、一匹の小イノシシ(エーバーEber)が現れ、小川(バッハBach)のほとりの現在地へと導いたと言うので、この修道院はクロスター(修道院)エーバー(猪)バッハ(小川)と名付けられました。

その後神聖ローマ帝国のオットー一世の庇護を受けて成長し、修道士達は労働僧として近隣にブドー園シュタインベルガーを拓いて、銘醸ワインを造り続けてきました。しかし一八〇三年この地の領主ナッサウ公に収奪されて還俗し、更に後世ドイツ連邦国内の一国ヘッセン州の所有となり、いわゆる国営醸造所として今日に至っています。

このナッサウ公が収奪後、初めて修道院内に入った時、黒々とした倉黴に覆われた奥深い一室に、隠されたかの様に沢山のワインが積まれているのを見つけました。それらのワインは、どれも皆優れたものばかりでした。ナッサウ公は、恰もツタンカーメンの王墓でも掘り当てたかの様に、驚きと喜びでいっぱいだったそうです。

これらのワインは、「密室（カビネット）」のワインであり、実は元修道院時代、幹部クラスの会つまり「閣僚（カビネット）」達だけ

KLOSTER
EBERBACH
MICHEL & CO.

Cabinet ワイン

Kabinett クラス

の楽しみのワインでありました。毎年上出来の樽だけを、この密室カビネット内に貯えて、幹部僧カビネットクラスの僧達の毎夜の楽しみとしていた事が判明したのだそうです。

そこでナッサウ公も、初めはこれを引継ぎ、自家消費のためだけに、毎年最上のものだけを、この暗い密室に持ち込んでいました。しかし遂に決心して、一段高価な高級ワインとして商業用に一部を放出することになりました。初めて彗星の年の大ヴィンテージ一八一一年の、しかもアウスレーゼクラスを発売したのです。

これが有名な"1811 Steinberger Auslese Cabinet"なる銘柄のワインで、「閣僚達の密室」とも言えるカビネットの称号を、このワインに付与しています。

この優雅な名称は、直ちに他の王侯貴族達のワイナリにも伝判して、フルダの大公所有のヨハニスベルグや、土侯フォルラーツのマトゥシュカ伯等々皆それぞれ取っておきの上樽ワインに、カビネットクラスを名乗って高値販売を始めました。

しかしそれも最後の時が来ました。一九五〇年代後半から一九六〇年代にかけてのEEC制度の強化によって、ブリュッセルのEC本部(今日のEU)でEC内諸国のワインの基本法が発布されました。それに応じて各国では、国内法の改定が強行されました。ドイツではこの新ワイン法(一九七一年七月発効)により、カビネットという用語が遂に廃止されることになりました。

しかし、この優雅なる慣用語に執着した業界の猛反撃に合いました。そして意味する内容を一新して、ワイン格付けの一つのランクの名称として、この栄えあるカビネットと言う名称が残る事となったのです。

三　ぶどう畑土中の遺産

「聖母の乳」と名付けられるぶどう畑は、ヘッセン地域に大きく広がっています。

その中の一部を耕作していた一人の農夫が病に倒れました。彼には二人の息子がいましたが、この良き父に甘やかされて育った為か、いたって怠け者となり、全く父の手助けにはならず、幸にも自家地下倉にたくさんあるワインを、飲み放題で遊びまわるのが毎日の行事でした。

父は彼らの将来を気にしながらも長い病床に就き、いよいよ臨終を迎えます。そこで二人を呼び寄せて、遺言を申し渡しました。「実はな、おまえ達があまり怠けるので心配の余り、長い間に少しづつ貯えた遺産を、そっと畑の土の下に隠して置いたけれど、わしにはもう掘り出しに行く力はない。父なき後はくれぐれも有効に使ってくれよ」と。そして他界しました。

この兄弟二人は喜び勇んで、弟は兄より先に、兄は弟より先に我が物にしようと、生まれて初めて汗まみれとなり、毎日毎日畑の土を、あっちこっちと掘り返しましたがとうとう見当たらず、土の中には石ころばかり。がっかりしながらも、直ぐ欲にかられて、毎日畑を掘り返していました。

ところが、父が倒れて以来長く放置されていた畑の土が、すっかり耕されて生き生きとなって、その年の秋には、何と見事な果実が畑いっぱいに実り上がって、大きな収穫となりました。

そこで初めてこの二人の兄弟は、父が残し置いた大きな遺産に気が付き、心を新たにして、かつて汗まみれで財産探しをした経験を生かして、汗まみれで畑仕事に専念するようになったとか。

今度は額に汗して自分達で造った、「聖母の乳」の味をつくづくと楽しんだ事でしょう。

「聖母の乳」のラベルのひとつ

四　遅摘み法（Spätlese《シュペートレーゼ》）発見の記

遅摘み（シュペートレーゼ）と言うのは、ドイツ独特のぶどう果の摘み取り方です。ドイツでは秋ぐち大半の果実がほぼ完熟したかと思われる時点で、法律により各地区のぶどう管理委員会が、各々品種別に摘果開始日を発表します。

この開始日の事をハウプトレーゼ（Hauptlese）と称します。一応完熟と見られる果実をカビネットクラス以上のワインの原料とし、まだ熟度がたりない果実をその未熟度に応じてＱｂＡクラス、ランドワインクラス、ターフェルワインクラスの原料に分けてワイン造りを始めます。

その際、意欲的な農民が、天候の悪化や野鳥の襲来など、生じ得る少々のリスクは覚悟の上で、より上級ワインを造る為に、その開始日には摘果せず、さらに長く木につけたまま、果実を放置して超過完熟するのを「遅摘法」と言うのです。

この様な遅摘みした果実が、より高級なワインを造ると言う事を知ったのは、何とようやく一七七五年の事でした。

所はヨハニスベルグ城（Schloss Johannisberg）に所属する畑で、当時はまだ修道院であった時代です。この城は、やや遠く離れたフルダという町の大僧正の所有でした。毎年秋口に、その畑のぶどうがほぼ完熟し始めますと、城をあずかる執事が、フルダ在住の城主の摘み取り許可をもらう為に、若い修道僧の一人に摘み取った一房のぶどうを持たせて、フルダへと早馬を走らせ、素早く許可証をもらって帰路につくのが常でした。

ところがこの年一七七五年秋、その伝令が帰途タウヌスの山道で山賊に襲われ、散々痛めつけられたあげく馬をも盗まれて道路にうち倒れておりました。たまたま通り掛かった親切な老農夫に助けられ、彼の農家で怪我の養生などで旬日が過ぎました。伝令はようやく立上がり、痛む足を引きずりながらやっと城へ帰って来ました。

ところが城の方では、畑のぶどうは完熟どころか、一面腐れ始めたり黴だらけとなって干からびたりで大騒動だったのです。とにかく遅ればせながらも摘果開始。誰もが、どうせこんな腐れぶどうでは、ろくなワインも出来まいと、投げやり気味で仕込んだところが、いよいよ出来上ったワインのその味の素晴らしさ、えも言えぬ味香、何十年経験のベテラン農夫と言え、想像もできなかった美酒にびっくり仰天して大喜び。ここで遅摘みの効力を想像したのか、また次の年また次の年と、畑の一部で遅摘みを実験して、その効果を認識したと言うのです。

この早馬の使者の、これこそ本当の怪我の功名こそが、偉大なる遅摘み法発見の切っ掛けとなったのです。そこで彼の馬上の銅像を作り、シュペートレーゼライター(Spätlesereiter)の名の下に、今日なおこの城の中庭に飾られています。

ところがこの山賊物語は、折角の大怪我の大功名を立てた彼の名誉を守るための作りばなしだっ

「シュロスヨハニスベルガー」遅摘みSpätleseのラベル

たという説もあります。本当はフルダよりの帰路、そのタウヌスの山中で、一休みしていた所に現れた一人の可愛い山娘にすっかり心奪われたために遅れたのだとか。日頃は修道院内で厳しい女人禁制の下、ただただ労務と祈りだけの若い修道僧が、一旦下界に放たれて思いもかけぬ女性の美に心奪われ、初恋の夢にふけること旬日余り、彼女の側から離れ切れなかったのだと言うのです。さあどちらが本当だったのでしょうか？

この様な伝説めいた話には、いつも変わった裏話がつきものですね。

遅摘み伝令記念像

五　銘酒「十一本の指の山」

およそ、人類も含め生き物に指が十一本とは考えられない話ですね。

カトリックの修道院では、毎年春となれば、復活祭の前の一週間は殆ど断食同様、キリスト様の御血とされるワインでさえも飲むことを禁じられ、ひたすら終日静かに祈りを捧げねばならないのです。

所はヴュルテムベルク地域では、最高の銘醸ワインの蔵元として良く知られたマウルブロンにあるシトー派の修道院での復活祭の前夜のこと。一人の小坊主が、台所のワインの入った瓶の中に

手を突っ込んで、ワインを掬い上げるようにして飲んでいる時、たまたま通りかかった院長がそれを見て、

「これ小僧!! 何たることぞ、ワインを飲むとは、謹んで祈りをあげなさい」と。

小坊主はびくともせず、院長を見上げて、しかもにっこりと可愛く笑いながら、

「師よ、私は飲んではいません。御覧の通りワインで汚れた指先を、きれいに舐めているだけです。」と、そして一言付け加え、

「ねえ師よ、指がもう一本せめて十一本はありたいものですね。」

と。

この可愛い言い伝えから、この修道院所有のぶどう畑の名称がいつしか「十一本の指の山」となって、今日へ引き続き、ヴュルテ

ムベルグ最高の銘酒を産み続けています。

私はこの話を聞いたとたんに、川で仕切られた向こう側の町を守る警備兵が、川の橋を遮断している所に、たまたま橋を渡って来る一人の小坊主に、「これこれ、コノハシワタルベカラズと書いてあるのが目に入らぬか、帰れ帰れ」と怒鳴られたその時、「はいはい、ですから拙僧はハシを渡らず真中をとと歩いて来ました。はいご苦労さま」と言い残して、さっさと対岸の町へ入って行ったと言う日本の小話の主、一休さんを思い出し、十一本の指とは、正に一休和尚のドイツ版と思い、笑いが止まりませんでした。

ワイン「11本の指の山」のラベル　Eil（11）finger（指）berg（山）

六　医者と墓場と天国と

モーゼル河中流に名にしおう銘醸畑「ベルンカステルの医者（ドクター）」があります。

昔この地方の領主が病に倒れ、侍医達も匙を投げ、死を待つばかりとなりました。領主は領内にふれを出し、「誰か、余の病を治す名医はおらぬか。褒賞は思うがままにつかわすぞ」と。

次の日一人の老爺が、小さな樽を背負って城内に現れます。領主は藁をもつかむ思いで、早々に病室へ呼び寄せました。老爺はおもむろに背から小樽を下ろし、その樽から先ずコップ一杯の薬

を満たして領主様に捧げ、

「この妙薬を今日はこの一杯だけ、そして明日は二杯、明後日は三杯、次は四杯と飲んで下され。四日目にはお見舞いに参ります」と。領主はその一杯を飲み干すと、ほっと一息良く眠り、さて次の日は二杯、ところが何を思ったか次の日は四杯、四日目には八杯と飲むうちに、元気はつらつとなってベッドの上に起き上がり、はや空となった小樽を叩いて医者はまだかと待っていました。

そこへ彼の老爺が現れますと、待っていたぞと、今は元気いっぱいに立上がり「何と素晴らしきはそちの妙薬ぞ、余はこの通りじゃ。そちには存分の褒美をつかわす。何なりと申すが良い」と。

老爺はそっと窓辺へ行き「領主さま、私めはあそこに見える小さな畑地が欲しいのです。」と指さすところ、領主は「何？　それだけか、欲のない奴だ。よしよしあの地はそちに与えるぞ。好きなままに妙薬をつくるが良い」と、そして「な、あの畑こそドクトルと名付けよな」と。

こうして拓かれたのが、今日大銘醸の畑、「ベルンカステラー・ドクトル」すなわち「ベルンカステルの医者」として名声を保っている畑です。

ところが面白いことにこの医者畑にすぐ隣接した畑が、なんと「墓場」と称する畑で、かの名医とされた老爺は、かの領主の病を治しこそすれ、墓場へ送る事は無かったのに。隣の墓場はじっと彼の領主を待っていたのですかね。

この医者と墓場の二つの畑には、またまたなんとあの名高い銘醸畑の、「グラーハの天国(ヒムメルライヒ)」が隣接しているでは

ワイン 「ベンカステルの医者と墓場」のラベル

ワイン 「グラーハの天国」のラベル

ありませんか。かの領主はきっとあの妙薬に酔いしれて、天国へでも行ったつもりなのでしょうかね。

実はこの名医とされた老農夫の、直系の子孫と称するタニシュ(Thanisch)家が、「ベルンカステルの医者(Berncasteler Doctor)」と称するこの畑の持主として、この畑名を銘柄としたワインを造り続けています。

しばし以前は当家が所有する隣接の「墓場」という畑が余りに小さくて、その畑の生産ぶどうだけで商品化するのが難しい為に、「医者」畑の生産ぶどうにブレンドして、「ベルンカステルの医者と墓場(Berncasteler Doctor u. Graben)」という銘柄名で出荷していましたが、最近ではこの銘柄はほとんど見られなくなりました。

ちなみにこの本家と自称するタニシュ家も、二代前の頃双家に分かれ、片やWwe Dr. Tanischと称し、片や単にTanischと称したため、完全に二種類のラベルが見られます。

七　一滴（ひとしずく）の論争

下流モーゼルの雄ランデンベルグ男爵は、例にもれず、ワイン造りを業とする土着の農民貴族でした。

畑に命名が始まった頃でしょう、彼の所有畑の一つに"Engels-pinkeln"つまり「天使のおしっこ」と名付け、可愛い天使が背中の翼をぴっと張って、放つおしっこがワインとなって、下方のにこにこ顔の農夫のグラスの中に注ぎ込まれる様を、モチーフとしたラベルで出荷を始めたのです。

ところがモーゼル一帯を支配する、トリエールの大司教の逆鱗にふれ、恐れ多くも天使様のおしっことは何事ぞというのです。一般には、翼を付けて天を駆け回る、可愛らしい乳飲み子の様なエンジェル像を描く側と、片や天使とは、完璧な人間で神聖を帯び、霊だけあって肉体のない神の使者ガブリエロや、悪魔を打ち砕いた大天使ミカエルの姿をあがめる側との論争となりました。

遂には放尿を恥じろうとは、天使様とは一体男か女かという論争にまで発展し、最後に

「天使のおしっこ」のランデンベルグ男爵家醸造所

「天使のひとしずく」のラベル

「天使のおしっこ」のラベル

は大司教からの破門の宣告に恐れ伏して、おしっこを引っ込め、代りにひとしずく(一滴)つまり"Engels-tröpfchen"と改名したという面白い畑があります。

結局天使様の滴《しずく》とは、純真無垢な乳飲み子のように可愛くて、嘗めあげてても飽き足らない赤子のよだれを意味するのです。ランデンベルグ家の倉の中には、今も当時のワインのラベルを絵にした、大きな壁画が飾られています。放尿しているその天使様の、それでも、可愛らしさに誰しも楽しい笑顔となります。

今はひと滴となったこの滴という言葉は、良い方にみれば正に素敵なワインのひと滴を思い浮がべ、かの有名な中部モーゼルの「黄金の滴(Goldtröpfchen)」という畑など、白ワインにはぴたりの名称ながらも、悪い方を見ればブレーメンの「食い道楽の滴

(Schlemmer-ströpfchen)」というのがあります。豚のように食欲な大喰いの、嘗め上げるように皿を重ねる太っちょの親父が、食卓につけば早々にだらだらと流すよだれを思わせるような名称です。

折角のワインも、そのラベルを見ると途端に吐き出したくなりそうですね。それでも一応のワイン畑の名称としているのも面白いですね。

八　ぶどう畑の名称いろいろ

ドイツのぶどう畑には、すべて一定の名称が付けてあります。

製品となったワインの原料ぶどうの大半が育った畑の名称を、そのワインの銘柄名として市販されているのです。

畑名が酒の銘柄名とされるのは、ドイツ独特のやり方ですが、この習慣もさして古い事ではなく、十八世紀末頃から始まったようです。

その命名方法が実に多岐多様で、中には滑稽素朴な農民芸といい難いものも多いのです。

先ずは宗教関係の名称が多いと言えます。他には、土が赤いから「赤岩」、黒いから「黒岩」、畑が細長いから「蛇の寝床」、などのように見たままの名称も多いのです。また夢のような美しい名称、例えば「黄金の滴」、「愛の小泉」、等々があるかと思えば、ワインとは何の関係もない、「ガラクタ」、「ゴロツキ山」、「山賊の刃物」、等の名称はまだしも一九七〇年の法の改訂前には、「三段糞」とか「うんこの穴」という酷いワイン畑の名称まで見られました。現在でも「盗人」と称する畑の側に、「裁判所」と名乗る畑、そのまた近所に「縛首刑」という畑があるのも面白いですね。

変わった名称の一つに、「売春婦」と名付けられた畑があります。天候次第では超特級ワインたる房選りクラス(Auslese《アウスレーゼ》)や、粒選りクラス(Beerenauslese《ベーレンアウスレーゼ》)等の高級ワインも出来ましょう。その時はそのワインのラベル上には、はっきりと「売春婦の粒選り」と表示されます。

もしその更に上のクラスの貴腐ワインでも出来れば、トロッケンベーレンアウスレーゼ、と表示されますが、それは、ひからびてしわだらけの貴腐ブドウの粒選りワイン、と言う意味ですから、いかに粒選りでも、「しわだらけの売春婦」、と書かれたワインでは、ちょっと飲む意欲がなくなりそうですね。

農民にとってはとにかく大切な畑に、奇想天外な名称を付けて、そしてなお良いワインを造ろうとせっせと働くとは、どの様な心理でしょうか？

もう一つ「裸のおしり」というのがあります。そのワインのラベルには、文字だけでなく、現に子供のお尻を裸にして、ぽんぽんと叩いている絵まで描かれています。これは我が家のワインが余りの美味しさに、子供達まで味をしめて、

ワイン「裸のおしり」のラベル

こっそり倉に忍び込んだのが見付かり、親から折檻を受けている
というところで、これこそ我が畑のワインの味を誇るための名称
とか。

畑の名称のいろいろ面白いものが、まだまだ沢山並んでいるの
を探すのも一興ですね。

ここにぶどう畑の名称としては何としても解し難い畑名を、少
しばかり列挙してみましょう。

「Narrenkappe（ナレンカッペ）」　阿呆の帽子、道化帽
「Narrenberg（ナレンベルグ）」　阿呆の山、痴呆山
「Lump（ルムプ）」　ボロ
「Gerümpel（ゲリュムペル）」　がらくた、ルンペン
「Dickkopf（ディックコプフ）」　強情者、頑固者

「Bettelhaus（ベッテルハウス）」　乞食小屋
「Wolfsdarm（ヲルフスダルム）」　狼のはらわた
「Schelum（シェルム）」　いたずら者
「Stehlerberg（シュテーラーベルグ）」　泥棒山
「Galgenberg（ガルゲンベルグ）」　縛首台の山
「Schikannenbuchel（シカウネンブッヘル）」　嫌がらせの小本
「Leckzapfen（レックツァプフェン）」　樽の栓を嘗めまわすほど
　の大酒飲み
「Schnepp（ジュネップ）」　淫売婦
「Gotzenzenberg（ギョッゼンベルグ）」　偽神の山
「Pulencher（ピュルヒャー）」　ごろつき
等々の他、拾い出そうとすれば恐らく一〇〇〇個位に達する程たくさんの不可解千万の畑が、目を楽しませてくれます。

九　ゲーテワインとシラーワイン

ラインガウに「ブレンターノ(Brentano)」と称するワインの醸造家があります。

このブレンターノ家は、その昔イタリア出身のフランクフルトにおける実業家でしたが、十九世紀初め、ライン河沿いのハッテンハイムに豪邸を建てて移り住み、ぶどう園をも開いた人で、生来非常な交際家として広く知られ、特に芸能界、文化人達とは殊のほか交際広く、有名人はほとんど皆招待されて、出入りを楽しんだと言われています。

中でも特に後世まで名を残した人物のトップクラスが、ゲーテやグリム兄弟のような文人で、ゲーテなどはブレンターノ家を足場代りに出入りし、芸人達を集めて劇を上演したり、また地下倉では好きなワインを腹一杯飲んだり、勝手な振る舞いをしていたようです。

人の良いブレンターノ婦人は、いくら飲まれてもワインは惜しくは無いけれど、余りに飲み過ぎて体を壊さないかと、それだけが心配で、とゲーテに涙して忠告した事もあったほどでした。

このブレンターノ家に、遂に一度も訪ねたことのない有名人は、ベートーヴェンただ一人であったと言われています。

»Goethewein«®
1994er Riesling
Qualitätswein
alc10,0%vol
e750 ml
Gutsabfüllung · A. P. Nr. 27017001 95
RHEINGAU
Baron von Brentano'sche
Gutsverwaltung · D-65375 Winkel/Rheingau
Produce of Germany
GOETHEWEIN
aus dem Brentanohaus

「ゲーテワイン」のラベル

GESETZL. GESCH.
GOETHEWEIN
aus dem Brentanohaus
WAREN-ZEICHEN

GOETHE®
Wein aus dem Brentanohaus
RHEINGAU
1997er
WINKELER HASENSPRUNG
RIESLING KABINETT
Qualitätswein mit Prädikat
Baron von Brentano
Brentanohaus · 65375 Oestrich-Winkel
alc 9.5 % vol
750 ml
Produce of Germany · Gutsabfüllung L/A. P. Nr. 27 017 003 98

ブレンターノ家では、ゲーテ亡き後、ゲーテとの長く蜜な交際を忘れぬように、自家醸造のワインには、その銘柄の他に並立して必ず、「ゲーテワイン」と銘打って今日に至っております。なつかしいゲーテのプロフィルを描いた小さなマークを、ラベルの中に印刷したり、または別個にセカンドラベルとして添付したりして発売しています。

これに対して、ゲーテの偉大なるライバルで、ゲーテとならんで文壇にこの人ありとされる大詩人シラーも、大のワイン党でした。しかし、彼が愛飲したワインはほとんど、アルコール分の高いブルゴーニュのワインでした。

ドイツのワイン地域の一つヴュルテムベルグには、彼の名を付けたシラーワインと言う、一連の紅白混醸の、一見ロゼーワイン風のワインがあります。

このワインは、実はロゼーワインではなく、赤ワイン用の濃色ぶどうと、白ワイン用の淡色ぶどうとの果実どうし、またはそれらの絞り果汁どうしをブレンドして醸造した、いわゆる混醸ワインです。先ず赤白のぶどうがブレンドされて一緒になると、赤と白との間でやぶにらみ（Schielenシーレン）の状態になると言うので、これを「シーレンワイン（Schielenwein）――やぶにらみワイン）」と呼んでいました。この地の故郷が誇る大詩人シラー（Schiller）の名を借りて、今日「シラーワイン」と呼ばれるようになったもので、もともと詩人シラーとは何の関係もないのです。

しかしゲーテワインに対し一方シラーワインとは、やはりドイツならではのワインの命名ですね。

Württemberg
KENNER TRINKEN WÜRTTEMBERGER
Qualitätswein
EINER FÜR ALLE · ALLE FÜR EINEN
FURCHTLOS UND TREU
A. P. Nr. 001 197 78
Württemberger Schiller
»Burgvogt«
Abfüller: WÜRTT·WEINGÄRTNERZENTRALGENOSSENSCHAFT·EG
STUTTGART·MÖGLINGEN·MAULBRONN
e 0,7 L

WÜRTTEMBERGER
Schillerwein
TROCKEN
Erzeugerabfüllung Württembergische Weingärtner-Zentralgenossenschaft eG
WZG

「シラーワイン」のラベル

一〇　ベートーヴェンワインとシューベルトワイン

文壇においてここまで来ますと、音楽では世界の大親分とされて来たドイツの事ですから、音楽と結び合うワインの一つや二つは無いものかと見渡して来ましたら、どうやらやっと話の種が一つだけ見出だされました。

モーゼルの中流部トリッテンハイム付近に、ベートーヴェンワインを売り物にする一軒の醸造家があります。これは確かにかつて音楽の世界で君臨した、ベートーヴェンにちなんだワインではあります。彼のベートーヴェンには一人の姉がいて、その子孫が

この地でぶどう園を経営しているとのことです。正にベートーヴェンワインと称されるべきでしょう。

ここまで来れば、無理な付け足しとは言え、ベートーヴェンに対する名声として、モーツァルト、シューベルト、ヘンデル、バッハ等々とあまたドイツの音楽家の名に関するワインがないかと探して見ました。

確かに一つ、シューベルトのワインがあったのです。モーゼル河の支流ルーワー川沿いで、とてつもない超弩級の大銘醸ワインでモーゼルの五大銘柄の一つとして知られる、あの「マキシミーナ・グリューンホイザー(Maximiner Grünhäuser)」があります。その醸造主が、偶然にもシューベルト(Schubert)と同名だったのです。

かの偉大でロマンチックな作曲家シューベルトとは何の関係もないのですが。私が敢えてこのワインを挙げたのは、このシューベルト家のワインたる、「マキシミーナー・グリューンホイザー」の、どの畑のワインを飲んでも、あまりの優雅さ、それだけではなく、そのロマンチックな味香が胸を撫でるとき、ふとシューベルトの音曲の一節を思い出させるのです。敢えてベートーヴェンを挙げたついでに、一筆啓上致しおきます。

「ベートーヴェンワイン」

シューベルト家のワイン「マキシミーナー・グリューンホイザー」

一一 発泡酒(セクト)とは何の意味?

発泡酒とは、気体をふんだんに含んだワインで、一度開栓しますと、ワインの中に閉じ込められていた気体(専ら炭酸ガス)が一度に噴出し、グラスの中を泡立てます。一般にはスパークリングワイン、また良く知られたシャンパンと呼ばれていますが、ドイツ語ではシャウムワイン、たまにはムジェレンダーワイン、そしてセクトと呼んでいます。

シャウムとは泡の意で、ムジーレントとは泡立たせるという意味です。共に泡のワインを意味します。しかしセクトという語だけは、泡とは関係なく、しかも本来のドイツ語とも関係なく、ひとつの新造語なのです。

十九世紀の前半、文壇にこの人ありと知られたホフマン(Hoffmann)が言い出した新造語でした。当時デブリエントという著名な舞台俳優がおりました。彼は舞台に出演した後は、いつも取り巻き連達と、馴染みの酒場へ行くのが習慣でした。その仲間には上記のホフマンもいたのです。

所はベルリンの中心部、ブランデンブルグ門に沿った通りゲンダーマンマルクトに在った、ラッターウントウェグナーという酒場です。一八二五年の秋の一夜、彼がシェークスピアのヘンリー四世を上演した帰りです。

いつもながら取り巻き連と立ち寄ったこの店で、デブリエントは何思ったか、先刻上演したばかりの一場面を再現するように立

ち上がり、

「おれに一杯のSek（これはスペインの辛口　Vino Secoのこと）もないのか、ああ世も終りか」

とひとセリフを張り上げた途端に、馴染みの給仕長が、

「はいはい之に」とばかり一杯の発泡酒を捧げたのです。それを見たホフマンが、その機転を喜んで大拍手。

以後発泡酒のことをセク（Sec）と呼び始めたのが、さすがホフマンの造語とばかりにいつとはなしに全ドイツに広まって行く中に、ドイツ語的な口調としてSecがSektと言われる様になったのです。そのまた一〇〇年後の現在のワイン法では、Sektは正式な法律用語としても使用され、下物発泡酒をシャウムワインと称し、プレジカート級以上の発泡酒をセクトと命名しています。

発泡酒セクトの中辛口ブルート、商品名は「ニグラ」

「シルヴァーナー」辛口フランケンの発泡酒

この名の始まりのSecという語は、一般のワイン用語としては、辛口と言う意味ですが、これが発泡酒の味の表現としては、辛口よりもやや甘い中辛位を指し、辛口に対してはブルート(Brut)…各国共通…ドイツ語ではトロッケンとも称します。

シェークスピアが一杯の辛口酒と言った辛口が、ドイツで遂に発泡酒ということになり、しかもそのSec辛口が発泡酒では辛口ではなく、中辛程度を指すようになったのです。新語の誕生などには、面白い動機がありますね。

話のついでに、発泡酒はドイツ人の最も好む酒です。その消費量はフランスの、一人頭年間四リッターを押さえ、ドイツでは五リッターで、発泡酒の消費はドイツが世界一となっています。

一二　フランケンワインのビン
“Bocksbeutel《ボックスボイテル》”負けるが勝ち

世界中でもユニークで珍しい形のワインのビンが、ドイツ・フランケン地域産のワイン専用の丸い袋状のビンです。

ワインがビンで市販され出したのは、十七世紀コルクの木肌を加工し始めた後で、おおよそ十八世紀前中半頃からです。それ以前は、人々は種々の手持ちの器、壺、革袋等々を持って、販売所へワインを買いに行ったものでした。ワイン商は、樽から直ぐに小売りをしたり、また馬車等に樽を積んで売り歩いたりでした。ビン詰の発明は一躍ワインの流通界に、大革命をもたらせた様なものです。

ところが最初は、ワインのビンは作りやすい真ん丸の形で、今日でもダルマ等と呼ぶウィスキービンの様な形でした。人は経験によりいろんな事を発見するもので、長年の貯蔵の間には、コルクが乾燥して空気の逆流により劣化します。それを防ぐ、コルクを常に湿らせておく最上の方法は、ビンを寝かせておくことに気付きました。しかしこの真ん丸のビンでは不安定で、寝かせると柵から落下しますので、真ん丸のビンの腹と背を、偏平に圧して作り上げたのが、現在の袋状ビンとなったのです。これを何時とはなしに"Bocksbeutel"（ボックスボイテル）と呼んでいますが、ボックとは雄山羊、雄鹿等の意味で、ボイテルとは袋という語です。

私は大分昔のこと、土地の人に、何故にボックスボイテルと呼ぶのかなと質問した事がありました。その時その農夫、たちどころに曰く「雄山羊が立ってる所を、真後ろつまり、お尻の方から眺めてごらん。すぐ解るよ。」と言って笑いました。

もう一度辞書を良く見たら、何と山羊の睾丸の事でした。農民的に言えば、山羊のキン玉と言うのでしょう。なるほど良く似てますね。農民的ユーモアで誰かが言い出した名称が、今日では正当な法的表現となって、公式に使用されている所が面白いですね。そしてフランケンのワイン屋だけは、頑としてこの伝統的形と名称を守り続けています。

話代わって、このビンと同型のビンが、世界中ではもう一か所、ポルトガルの銘酒マティウスにも使

歴代のボックスボイテル
(左右)と現在のもの(中央)

われているのは良く知られています。

ドイツはこの独特の袋状ビンの独占権を求めて、私の記憶では一九八〇年の初め頃でしたたか、遂にポルトガルをブリュッセルの国際法廷に引き摺り出した事がありました。

たくさんの物的証拠が、確かにドイツ側の伝統の古さを証明して、優先性は認められたものの、その優先性を一〇〇年以上も放棄し続けた今、クレームを付けても、相手側も既に長年使用してきた現状から、使用禁止の告訴は、遂に認められず、結局ドイツ側の優先性は、立証されながら、相手への使用禁止の請求では敗訴となり、相手国ポルトガルが、負けるが勝ちとなりました。

ポルトガルの「マティウス」

一三　ホック(Hock)の語源

Hock(ホック)とは完全な英語で、ドイツの白ワインを意味する単語ですが、その語源はドイツ語のHoch(ホッホ)から英語流になまって、もともとドイツ語であったものが今日では完全に英語となり、ウェブスター大辞典にも収容されています。

十九世紀の後半、大英帝国に君臨した女帝ビクトリアが訪独中、ヴィースバーデン近郊のホッホハイムに農園を持つ一人の農園主から請われ、丁重な招待に応じてこの地を訪れました。

女帝は、彼が捧げたワインにすっかりファンとなって、帰国後早々に、この地のワインを宮中用として、以後毎年大量に輸入したのです。当時総て宮中へ右へ倣えの風習の強かったイギリスの顕士達のこと、一斉にこのホッホハイムのワイン党となった時期がありました。

　彼等は何をおいてもワインはホッホハイムといって愛飲している間に、ホッホ(Hoch)というドイツ語特有のchの発音が、英語風のckの発音ホックに変ってしまい、しかもその語意までも、ホッホハイムのワインだけに限らずいつしか総てのラインワインを意味するようになり、今日では総てのドイツの白ワインの代名詞となってしまいました。

　ここまで来ますと彼のホッホハイムの農園主は、恐れながらも英国の宮中に、己の畑の名称として、名誉ある女王の御名を使用したく請願し、直ちに認められたのです。

英語「ホック」で表示したドイツ白ワインのラベルのひとつ

ワイン「ホッホハイムの
ビクトリア女王山」のラベル

先ずは一八五四年に畑の真ん中に、以上の経過を語る碑文を刻んだ、立派なイギリス式のゴシック建築風の小塔を建て、記念碑としました。そして「Hochheimer Königin Victoriaberg（ホッホハイマー　キョーニーギン　ヴィクトリアの山）」という銘柄名でワインの発売を始めました。

その後農場主は代わりながら、今なおこの銘柄ワインは健在です。なかなかに味筋の通った酸味甘みの調和も良く、確かなワインです。

一四　ワインの試飲会

ワインを試飲する会合には二通りあります。先ずその一つは、一般愛好家の集りで、新着未知のワインを試す会、また、古希ワインや珍しいワイン、入手困難なワインを集めたり、その他種々の方法で、和気藹々とワインを楽しむ会です。

これに対しその二つ目は、商業目的のプロの集りによる試飲会があります。これはおおよそ毎年各地で行われる競売会で、出品ワインの値踏みをする為の試飲会です。出場者は皆、免許を持ったワイン商としてのプロばかりです。出品ワインを十分に値踏みしておいて競売について行くには、自分なりの価格をしっかり決めておかないと大損することもありますので、真剣そのものです。

その様な試飲会場には、ずらりと並んだ出品台のあちこちに、吐き出し用の壷が置かれています。必ずしもワインをみな飲み込むとは限らず、ワインは口に含んで、先ず口腔内をぐるぐると音を立てて回しながら品質を分析した後、吐き壷の中にゲー・ペーと吐き出しながら、おまけにラーン(Rahn)とかファーン(firn)とか、中国語か何かと思わせる様な訳の分らぬ言葉をつぶやいています。

一般人にはなかなか賑やかな雑音の会のようです。彼等がつぶやくラーンやファーン等の言葉は、実はワインの味香を表わす専門用語で、ドイツ人と言えども一般人には理解し難い言葉です。ファーンとは良い意味では、熟成しきった古貴な味、悪い意味では、新鮮味を失い尽くし、死にそうな味わいの事です。ラーンとは酸化して褐変した色調の表現です。

ヨーロッパでは一般に飲食物を口にする時、ムシャムシャと噛む音やスルスルと飲む音などを立てるのは、大変教養のない行為として嫌がられるのですが、このワインプロ達の試飲会では、口の中でスルスル、グルグルと言わせて味を分析した後、吐き壺の中にゲーゲーペッペッと音を立てて吐きすてて、おまけにラーンとかファーンとかつぶやくのですから、何と面白いではありませんか。

一九六六年ドイツ・ラインガウ在のクロスターエーバーバッハにおける競売会に、私が初めて参加した時以来の忘れ難い印象より一言。

一五　ご存知ですか、白い赤ワインを?

白ワイン同様無色と言える赤ワインの話をご披露いたしましょう。

極一般的な認識では、ワインはその色調によって、赤・白・ロゼーの三つに分けています。

ぶどうの果汁自体は皆一応、薄黄色ないしはほとんど無色です。赤ワインの赤色素はぶどうの果皮に含まれているので、赤ワインを造るには果皮も一緒に砕いた状態でアルコール醗酵を行います。少し発生したアルコールが、果皮の赤い色素を溶かし出して、適当な色彩となった時初めて果皮を除いて、更に醗酵を続けるのが赤ワインなのです。

発生したアルコールが果皮の赤色素をどの位溶かし出したかによって、つまり淡赤色・バラ色から真紅に至るまでの色調の出し方によって、赤ワインまたはロゼーワインと分けるのです。従って原料となるぶどうの果皮の色が明色であれば、どうしても薄い褐色らしいワインにはなっても深紅の赤ワインにはなりません。

そこで、ドイツのワインを規定するワイン法によれば、ワインの色調だけによらずワインは、赤ワイン・白ワインと混醸ワインとの三つのカテゴリーに分けられています。その規定法文によれば、

(1) 〈赤ワイン〉　赤ないし濃色果皮を持つぶどう果汁はすべて赤ワイン醸造用の原料ぶどうと決められていて、赤ワイン用ぶどう

と決められたぶどうを原料としたワインは、すべて赤ワインとされています。

(2) 〈白ワイン〉　赤ワイン用ぶどうとして決められていない、すべての醸造用認可ぶどうを原料として造られたワイン。

(3) 〈混醸ワイン〉　これは赤・白ワインのブレンドではなく、まだワインとして認められない原料果実、または搾汁されたばかりでアルコール醗酵が始まらない果汁の状態、これはまだワインではないのでブレンド規制の対象外ですから、赤と白との適量当てのブレンドによって造られる混醸ワインの事で、ドイツ語ではRotweiss または Rotling と呼ばれ、法的には赤でも白でもない独立したカテゴリーのワインです。「シラーワイン(Schiller Wein)」や「バーディッシュロートゴールド(Badisch Rotgold)」などがそれです。以上の三種のワインが存在し、カテゴリー違いのワインのブレンドは厳しく禁じられています。

ドイツのワイン法によれば、赤ワインとは赤ワイン用ぶどうと決められたぶどうで造られたすべてのワインです。例えばせっかくの真紅の果皮を持ったぶどうを、全く白ワイン同様に先ず搾汁後、果皮類をすべて除去して色薄い果汁だけを醗酵させて造り上げた薄色ワインと言えども、法律では赤ワインとなりますので、ここに白い赤ワインが出現することになります。

赤でも白でもない混醸ワインのラベル

法律では異種ワインのブレンドは厳禁ですから、例えばロゼーワインを造るのに赤ワインと白ワインの適量ブレンド等は絶対に不可能ですが、この白い赤ワインの場合は赤ワイン同志ですから問題はなくブレンドでも認可されます。

つまりドイツには白い赤ワインもありますと。その名は「Weissherbst（ヴァイスヘルプスト）」と呼ばれ、誤りないようラベル上には明記して、赤ワインに部属することを示さねばなりません。

「白い赤ワイン」

十六　ドイツの面白ワイン用語集

何処の国も同じとは思いますが、ドイツにもワイン専用の用語がたくさんあって、その中で小咄になりそうな、面白い用語の幾つかを取り上げてみましょう。

先ず**Jung**（ユング）という語ですが、これは英語のYoungと同意で若いという語ですが、ワインでは使い方によっては少しニュアンスが違うのです。

(1)　der junge Wein、derは（男性名詞の定冠詞一格）デア・ユンゲ・ワイン

(2)　der Jungwein、デア・ユングワイン（JungとWeinの合成単一

名詞)、

(3) der Jungwein、デア・ユングファーワイン(JungferとWeinとの合成語)

この三つのjungの意味は、どれも若いを現わしながら、それぞれ意味が異なり、(1)の場合、jungが一つの形容詞として使われると、ワインが生産されて数年以内のまだ若いワイン、つまり充分熟成していない青年ワインのことです。

(2)の場合はjungという形容詞とWeinという名詞が合体して、一つの単一名詞として使われると、この若いワインは前期の若いワインより更に若く、一人前となってビン詰される少し前の、少年時代のワインとなります。

これに対し、更にもっと若く、今発酵が始まり僅かばかりのアルコールが生成されますと、もはや果汁つまりジュースとは見なされず、法律ではこれはワインとされ、つまり乳幼児ワインとなり、「Federweiser（フェーダーヴァイザー）」と呼ばれ、若いというよりむしろ幼い、乳児状のワインというのでしょう。

そして(3)はワインが若いのでなく、ぶどうの樹そのものが若く、苗を植え付けてから三年目に、初めて実った果実から造られたワインの事です。ですからそのワインが将来何十年経っても、依然としてこの語ユングファーワイン（Jungferwein）と呼ばれます。Jungferとは本来は未婚の処女のことです。

また、以上の様な若ワインに対し、例えば充分成熟し、しかもアルコール分も強くこくもあり、しかも美味芳香を放ち、飲み応え充分の重いワインへの褒め言葉の一つとして、**Witwer-wein**（ヴイットヴァーワイン)と言う語があります。

Witwerとは、女やもめのこと、つまり寡婦ワインと呼んでいますが、あまりの美味しさに、つられて遂々この力強いワインを飲み過ぎて、奥さんを早々と寡婦にしてしまいそうな、それ程美味しいワインというのです。やもめワイン等と呼べば、何か悪口とも思われそうな表現ながら、実はこんなに極上ワインへの別称なのです。

またドイツのワインは世界中で最も果実酸が豊かなために、この輝くような美しい強い酸味をきらりと活かす為には、適当量の甘みのオブラートが必要です。

果物らしく甘酸っぱい所、即ちフルーティーな味、

これがドイツワインの特徴で、他の全ての国のワインと違って、常に残糖を感じさせねばならないので、アルコール一点張りの辛口ワインは、ドイツの性格ではありません。

勿論ドイツにもピンからキリまで様々な辛口ワインも造られています。そこでドイツワインについて論じる限り、辛口とはすっかり化粧を落とした湯上がり時の女性に例えられます。辛口ワインとはつまり化粧を落した素顔の女性と同じで、素顔でさえも美しい美人同様に、ワインも充分高品質ワインの、辛口仕上げだけが、楽しめる辛口ワインだと良く言われます。

それは一般的に言うなら、シュペートレーゼ(Spätlese)、更にアウスレーゼ(Auslese)クラスのワインか、カビネット(Kabinett)クラスなら一流銘柄ものの辛口仕立てだけが、楽しめる辛口とされ、猫も杓子もQbAもターフェルワインも辛口仕立てでは、ドイツワインの良さは無いとドイツの通人達は言っています。

つまり、輝くばかりの独特の酸味を活かす為の、残糖を特徴とするドイツワインにも、今日はざらに在る辛口の中で、前述通りのつもりで探せば、ぐっと胸打つ優雅な辛口ワインもありますよ、と言う事です。

またワインの味香を表現する沢山の用語の中には、人間にも当てはまりそうなものもあります。

例えばDick（ディック）一般には「でぶっちょ」を意味します。ワイン用語としては内容充実して、

優雅なる高級アウスレーゼクラスの辛口ワインAuslese Trockenのラベル

こくもありしっかりした味内容。これに対しDün（デュン）、一般には「やせっぽ」で、上記の正反対でまずしい内容の味香。Lieblich（リーブリッヒ）一般には可愛い子ちゃん。ワイン用語としては、甘口と言う程の甘さではないが、確かに辛口ではなく、優しく飲みやすい中甘程度の甘さを持つ味わい。等々人間への形容語そのままですね。

ワインの為の専門用語とされるドイツ語単語は、およそ一五〇〜一七〇程あり、そのうち五〇〜六〇程は一般ドイツ語としては解釈し難く、一般のドイツ人にさえ不可解な単語もあります。

その中で最後に、まさに笑い話の種となる単語を一つ紹介しておきます。totsünde（トートシュンデ）、一般的に理解できる意味としては「死に値する罪悪」と言う事です。これをワイン用語として使えば、途方もなく美味しいワインで、言葉には言い尽くせぬ夢の様な華麗なる味という、超弩級ワインの味香への褒め言葉なのです。

まだキリスト教哲学で、人心が洗濯される以前、特に古代ローマではよくあった実話からきています。皇帝の妃の守護隊長が、皇帝不在を見定め、密かに王妃の寝所へ忍び込み情を燃やしました。

万一発覚したら直ちに断罪、命を賭けた忍び逢いの、他に比べようもない快楽の極みを表現したものでしょう。それは命がけで魅きつけられた他人様の美しい奥方を奪い取る程の大罪ながらも、その不倫の恋心を密かに一夜、誰にも発見される事なく心も体も頂戴できたとしたら、

これに勝る快楽は二つとあり得ない素晴らしい味として、ユーモラスに超弩級の美味を表現する褒め言葉としたのでしょう。つまり一口飲んだ途端に「ワーッ」と思わず歓声を上げる程のワインの味の表現なのです。

以上拙文ながら御一読有り難うございます。本書の締め括りに、ワイン用語ばかりを利用して作詩された一文を掲げて、読者の皆様へ感謝の意を呈しおきます。

ワインは中に秘められし、発刺さ、芳香、果実味の情緒、しめやかさ、柔らかさ、愛くるしさ、力強さ・壮大さ、熟味、調和味、円熟味、性格・火焔性や土味、香気、気品、雄

大さ、こく、秀麗、高貴な甘味、やさしみ、
軽やかさ、完熟の匂い、新鮮味、純粋さ等々
ワイン用語の総てを以て、汝等味覚を魅了し、

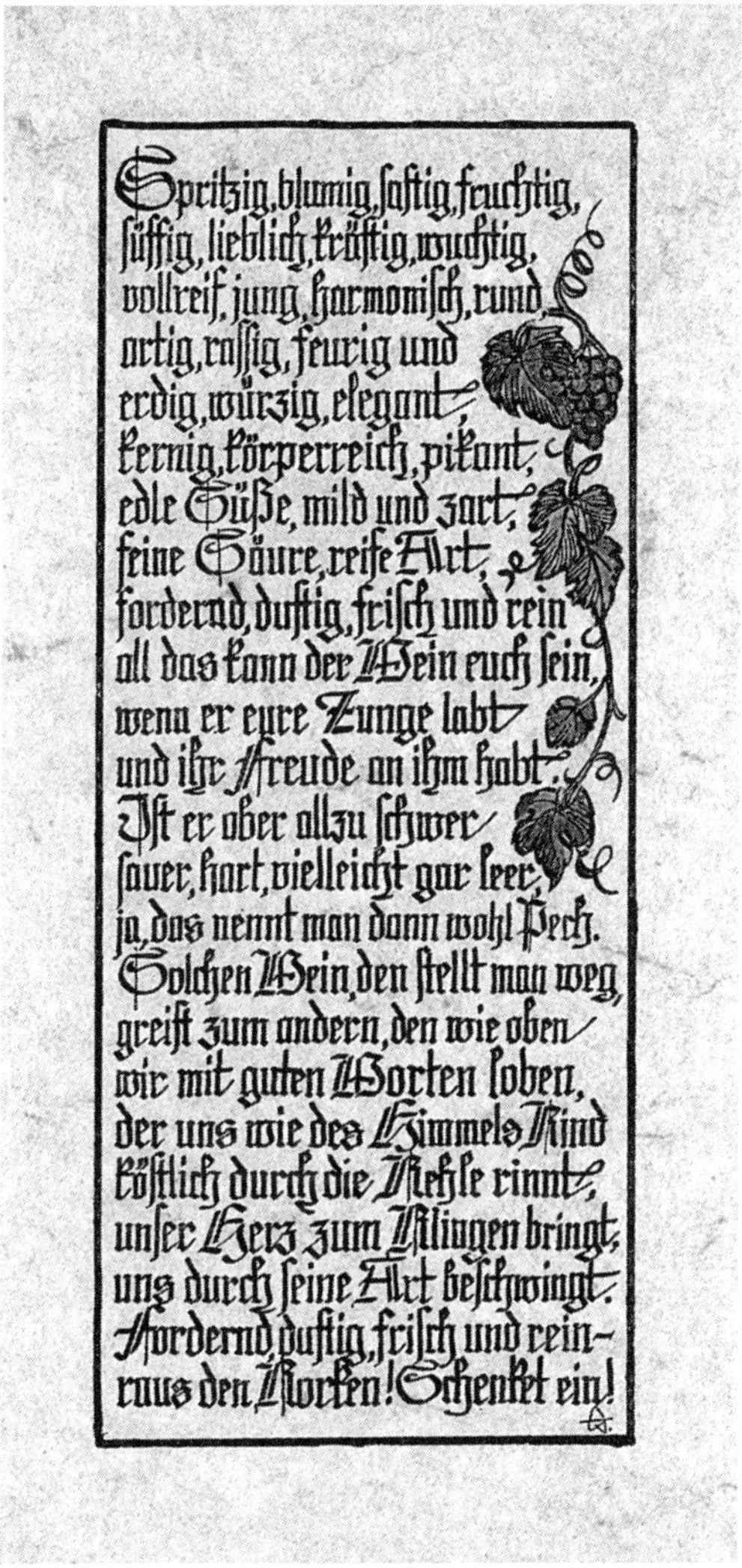
Spritzig, blumig, saftig, feuchtig,
süffig, lieblich, kräftig, wuchtig,
vollreif, jung, harmonisch, rund,
artig, rassig, feurig und
erdig, würzig, elegant,
kernig, körperreich, pikant,
edle Süße, mild und zart,
feine Säure, reife Art,
fordernd, duftig, frisch und rein
all das kann der Wein euch sein,
wenn er eure Zunge labt
und ihr Freude an ihm habt.
Ist er aber allzu schwer
sauer, hart, vielleicht gar leer,
ja, das nennt man dann wohl Pech.
Solchen Wein, den stellt man weg,
greift zum andern, den wie oben
wir mit guten Worten loben,
der uns wie des Himmels Kind
köstlich durch die Kehle rinnt,
unser Herz zum Klingen bringt,
uns durch seine Art beschwingt.
Fordernd, duftig, frisch und rein-
raus den Korken! Schenket ein!

ドイツ語のワイン関連用語だけで作られた詩の原文

汝等に楽しみを与えん　若し汝等その福音に喜びを持ち迎えるならば。

然るに、若し、重く、酸っぱく、硬く、内容薄きワインに当たらば、そは不運の至りと思い、とっとと捨て去るがよい。

しかして上述の美辞麗句で述べた通りのワインを選びなおせばよい。そは天使の如く汝の喉を潤し、汝の心を昂ぶらせ、汝は今や切なる言の葉の限りを尽してワインを讃えよう。

いざ栓を抜け、香り四辺に満ち満ちて純なるワインよ!!　いざ乾杯!!

おわりに

本書はフランス・ドイツのワインにまつわる裏話、小話を集めて、ワインの裏側から、ワイン文化の真の姿の一端を覗き見ようとの企てから、フランス・ドイツそれぞれの専門分野に分かれて共同執筆した、言わば真実を探る小咄集とも言える共同著作品です。

現在我が国で出版された、数百冊のワインに関する書籍類はほとんど、著者それぞれの立場から説明された教科書が多く、表から見たワインの姿ばかりなのに気がつき、裏側から覗き見るワイン文化の姿もまた真実を語る一面があろうかと、私共二人の意見が一致して、それぞれの立場から裏話を集めてみました。私どもは共に、ワインをこよなく愛する愛好家同志でありますが、一人はフランス文学を業とし、他の一人はワインの歴史とドイツワインを職として、それぞれ異なった立場からの追及という点でもまた、フランスとドイツをそれぞれ特徴づけたものと自負しています。

ワインは物語るものではなく、飲むべきものとは言え、このような寸話を集めてみると、飲むワインがことさら味わい深くなったような気がしませんか。

「ドイツワインとフランスワインの違い」などという難しい議論をしなくても、その差が、そしてドイツ人とフランス人の違いが何となく分かったような気になりませんか。

ドイツ人はやっぱり理論的で、哲学的で、その上に「遊び心」がラベルにも現れていてベートーヴェンの顔まである。フランスワインのラベルにジャンヌ・ダルクの顔がないのが残念ですね。でもフランスの王様はいばっていました。「フランス王は金銀財宝、優秀な軍隊など持っていないが、フランスにはワインと笑いがある」と。

一夕、ワイングラスを傾けながら、くつろいだ雰囲気で御笑読いただければ、ワイン文化の一端が一抹の芳香をただよわせて、読者の皆様に微笑みの一時をもたらす事があれば、喜びの至りです。

本書の出版に際しては、産調出版社社長、平野陽三氏のお力添えによるものであり、心より御礼申し上げます。また校正その他のめんどうな仕事は、同社の吉田初音さんが、一手に引きうけて下さり、合せてここに感謝申します。

二〇〇一年五月

福本　秀子
古賀　守

◎筆者プロフィール◎

福本秀子《ふくもとひでこ》

慶應義塾大学経済学部卒、パリ大学法経学部博士課程修了。主著に『Femmes et Samurai』（デ、ファム社、パリ）、『マダム・ジャポンは袋だたき』『フランスは可笑しい』（以上、社会思想社）他。主訳書にR・ペルヌー著『中世を生きぬく女たち』『十字軍の男たち』（以上、白水社）、『十字軍の女たち』『王妃アリエノール・ダキテーヌ』（以上、パピルス）他。

古賀　守《こがまもる》

長崎県の醸造家に生をうけ家業を継ぐために東京農業大学農芸化学科に学ぶ。ドイツに留学、ハイデルベルグ、ローストック、ライプチッヒの各大学で化学を専攻して終戦をドイツで迎えた。帰国後ワイン業界に入り、ワインの研究・普及に尽力。主著に『ドイツワイン』（柴田書店）、『ワインの世界史』（中央公論社）、『ドイツワイン物語』（日貿出版社）他。

参考文献

『Le Petit Guide Humoristique de vin』
Textes : Tanin, Illustrations ; Gaël
（Source社） 1999
『Les mots du vin et de l'ivresse』
Martine Chatelain-Courtois（Belin社） 1998
『Vingt chansons du vin de Bourgogne』
Henri Berthat.（Editions Latitudes） 1999
『Erotique du vin』
Jean-Lue Hennig（Zulma） 1999
『Lectures』
Pierre Cordier（Hachette） 2000
『Eloge de l'ivresse』
S. Lapaque et J.Lerog（Librio） 2000
『Vaux-de-Vire』
Olivier Basselin et Jean le Houx
（Adolphe Delahays） 1858
『Les cent plus beax Textes sur le vin』
Louis et Jean Orizet
（le cherche midi Editeur） 1984
『ふらんすの故事と諺』田中貞之助（紀伊国屋書店） 1959

フランス・ドイツ　ワイン小咄

2001年6月5日　初版第1刷発行

著　者――福本秀子／古賀　守

本文イラスト／石原昭男

発行者――平野陽三
発行所――産調出版株式会社
〒169-0074
東京都新宿区北新宿3-14-8
ご注文　TEL:03(3366)1748　FAX:03(3366)3503
問合せ　TEL:03(3363)9211　FAX:03(3366)3503
印刷・製本――株式会社平河工業社

Printed in Japan
ISBN4-88282-263-6 C0098

落丁・乱丁本はお取替えいたします。